Light Engineering für die Praxis

Reihe herausgegeben von

Claus Emmelmann, Hamburg, Deutschland

Technologie- und Wissenstransfer für die photonische Industrie ist der Inhalt dieser Buchreihe. Der Herausgeber leitet das Institut für Laser- und Anlagensystemtechnik an der Technischen Universität Hamburg sowie die Fraunhofer-Einrichtung für Additive Produktionstechnologien IAPT. Die Inhalte eröffnen den Lesern in der Forschung und in Unternehmen die Möglichkeit, innovative Produkte und Prozesse zu erkennen und so ihre Wettbewerbsfähigkeit nachhaltig zu stärken. Die Kenntnisse dienen der Weiterbildung von Ingenieuren und Multiplikatoren für die Produktentwicklung sowie die Produktions- und Lasertechnik, sie beinhalten die Entwicklung lasergestützter Produktionstechnologien und der Qualitätssicherung von Laserprozessen und Anlagen sowie Anleitungen für Beratungs- und Ausbildungsdienstleistungen für die Industrie.

Weitere Bände in der Reihe http://www.springer.com/series/13397

Philipp Thumann

Laserbasierte Klebflächenvorbereitung für CFK Strukturbauteile

Philipp Thumann
Institut für Laser- und
Anlagensystemtechnik (iLAS)
Technische Universität Hamburg
Hamburg, Deutschland

ISSN 2522-8447   ISSN 2522-8455   (electronic)
Light Engineering für die Praxis
ISBN 978-3-662-62240-7   ISBN 978-3-662-62241-4   (eBook)
https://doi.org/10.1007/978-3-662-62241-4

Die Deutsche Nationalbibliothek verzeichnet diese Publikation in der Deutschen Nationalbibliografie; detaillierte bibliografische Daten sind im Internet über http://dnb.d-nb.de abrufbar.

Springer Vieweg ist ein Imprint der eingetragenen Gesellschaft Springer-Verlag GmbH, DE und ist ein Teil von
Springer Nature.
Die Anschrift der Gesellschaft ist: Heidelberger Platz 3, 14197 Berlin, Germany

Zusammenfassung

Kohlenstofffaserverstärkter Kunststoff ist einer der zentralen Konstruktionswerkstoffe moderner Verkehrsflugzeuge. Neben der Herstellung stellt dabei die Reparatur von CFK Bauteilen eine zentrale Herausforderung dar und bildet ein Schlüsselelement für einen wirtschaftlichen Betrieb. Eine rein adhäsive Reparatur von CFK Strukturbauteilen wäre dabei der vorteilhafteste Ansatz, welcher jedoch aufgrund von Zulassungsvorschriften bis heute nicht eingesetzt werden kann. Um den Weg für die Zulassung des Prozesses zu ebnen, wurde in der vorliegenden Arbeit ein Prozess zur laserbasierten Klebflächenvorbereitung entwickelt, welcher die Herstellung von reproduzierbaren Klebverbindungen ermöglicht.

Für die Entwicklung des Laserprozesses wurde ein dualer Ansatz aus empirischer und virtueller Prozessentwicklung gewählt. Im Rahmen der empirischen Prozessentwicklung wurden thermische Prozessmodelle zur Beschreibung der Prozesstemperaturentwicklung durch Thermographiemessungen und Regressionsanalysen hergeleitet, statistisch überprüft und validiert. Mit Hilfe dieser Prozessmodelle konnten Parameterkombinationen entwickelt werden, die eine homogene Prozesstemperatur und damit eine homogene Klebflächenvorbereitung erlauben. Die Ergebnisse der durchgeführten Versuchsreihen wurden hinsichtlich ihrer optischen, chemischen und mechanischen Eigenschaften charakterisiert. Dabei konnte gezeigt werden, dass eine Faserfreilegung zur Klebflächenvorbereitung ohne Schädigung möglich ist und eine Verbesserung der mechanischen Festigkeit der Klebverbindung von ca. 2% bis 8% erzielbar ist, wobei ein vornehmlich kohäsives Versagen und so ein definierter Versagensmechanismus erreicht wird.

Im Rahmen der virtuellen Prozessentwicklung wurde mittels eines transienten, dreidimensionalen Finite-Elemente-Modells der entwickelte Prozess auf komplexe, anwendungsrelevante Geometrien übertragen. Durch die Kombination der transienten FEM Berechnung, einer Formulierung der Temperaturentwicklung als Nullstellenproblem und Ansätzen zur Komplexitätsreduzierung konnte eine effiziente Methodik zur Steuerung von Laserprozessen entwickelt und durch Thermographiemessungen validiert werden. Durch den Einsatz dieser Methodik ist eine Kontrolle der Prozesstemperatur für beliebig gekrümmte Arbeitsbereiche möglich.

Auf diese Weise konnte der Stand der Wissenschaft um verschiedene, neuartige methodische Ansätze zur Beschreibung und Steuerung von Laserprozessen erweitert werden. Darüber hinaus wurde die Eignung des entwickelten Prozesses zur Klebflächenvorbereitung für die Reparatur von CFK Strukturbauteilen nachgewiesen. Abschließende Untersuchungen zur Industrialisierung konnten zudem zeigen, dass mit dem entwickelten Laserprozess und der ausgewählten Systemtechnik ein wirtschaftlicher Reparaturprozess ermöglicht wird, der in allen drei Dimensionen Zeit, Kosten und Qualität einen Vorteil gegenüber dem konventionellen Ansatz darstellt.

Danksagung

Die vorliegende Arbeit entstand während meiner Arbeit als wissenschaftlicher Mitarbeiter bei Prof. Dr.-Ing. Claus Emmelmann, der die Arbeit als Doktorvater begleitet hat. Ich danke Herrn Prof. Emmelmann für die Chance, an diesem Thema forschen zu dürfen und für die stete Unterstützung. Darüber hinaus danke ich meinem Zweitgutachter Herrn Prof. Dr.-Ing. habil. Bodo Fiedler sowie Herrn Prof. Dr.-Ing. Wolfgang Hintze für die Übernahme des Vorsitzes des Prüfungsausschusses.

Weiterhin möchte ich all den Kollegen danken, mit denen ich über die Jahre zusammenarbeiten durfte. Die gegenseitige Unterstützung bei der Arbeit hat ganz wesentlich zum Erfolg dieser Arbeit beigetragen. Ganz besonders danke ich dabei Herrn Dr.-Ing. Marten Canisius, Herrn Dr.-Ing Max Oberlander, Herrn Mauritz Möller und Herrn Friedrich Proes sowie meinem studentischen Mitarbeiter und späteren Kollegen Herrn Alexander Bauch.

Ganz besonderer Dank gilt meiner Familie und vor allem meiner Frau Anne für den Rückhalt über die Jahre und die Unterstützung auch in den intensivsten Phasen dieser Arbeit.

Inhaltsverzeichnis

Abbildungsverzeichnis

Tabellenverzeichnis

Nomenklatur

Nach der gängigen Konvention werden Vektoren mit fett gedruckten Buchstaben und Konstanten sowie Variablen mit normalen Buchstaben bezeichnet. Indizes mit den Bezeichnungen x, y oder z geben die jeweilige Raumrichtung der entsprechenden Größe an.

Formelzeichen

Lateinische Formelzeichen

Zeichen	Einheit	Bedeutung
A	[bit]	Koeffizient der Kalibrierungsfunktion des Fokussier-systems
$\dot{A}$	[m^2/s]	Oberflächenrate
B	[$-$]	Koeffizient der Kalibrierungsfunktion des Fokussier-systems
C	[1/bit]	Koeffizient der Kalibrierungsfunktion des Fokussier-systems
D_k	[m]	Kreisdurchmesser
E_p	[J]	Pulsenergie
E_{ph}	[J]	Photonenenergie
L	[m]	Abmessung des FE Modells
M_i	[$-$]	i-ter Messbereich der Beispielgeometrie
N	[$-$]	Stichprobenumfang
P_m	[W]	Mittlere Leistung
R^2	[$-$]	Bestimmtheitsmaß des Regressionsmodells
R^2_{korr}	[$-$]	Korrigiertes Bestimmtheitsmaß des Regressions-modells
S_i	[$-$]	i-te Sektion der Beispielgeometrie
$\dot{W}$	[W/m^3]	Innere Wärmequelle der Wärmeleitungsgleichung
Z	[1/s]	Zählrate
Z_{3D}	[bit]	Steuersignal des Fokussiersystems
$\Delta Z_{\parallel}$	[1/s]	Zählratendifferenz in Scanrichtung
$\Delta Z_{\perp}$	[1/s]	Zählratendifferenz quer zur Scanrichtung
$\Delta \hat{Z}$	[1/s]	Geschätzte Zählratendifferenz
$\Delta \hat{Z}_{\parallel}$	[1/s]	Geschätzte Zählratendifferenz in Scanrichtung
$\Delta \hat{Z}_{\perp}$	[1/s]	Geschätzte Zählratendifferenz quer zur Scanrichtung
$\mathbf{D_{i,\parallel}}$	[$-$]	Datenpunkt der Homogenisierung in Scanrichtung
$\mathbf{D_{i,\perp}}$	[$-$]	Datenpunkt der Homogenisierung quer zur Scanrich-tung
$\mathbf{F_h}$	[K]	Funktion des vektorwertigen Nullstellenproblems
$\mathbf{O}$	[m]	Ursprung des Lasers

Zeichen	Einheit	Bedeutung
a	$[\mathrm{m^2/s}]$	Temperaturleitfähigkeit
c	$[\mathrm{J/kgK}]$	Spezifische Wärmekapazität
$\tilde{c}$	$[\mathrm{m/s}]$	Lichtgeschwindigkeit
c_p	$[\mathrm{J/kgK}]$	Spezifische Wärmekapazität bei konstantem Druck
d	$[\mathrm{m}]$	Abstand zur Achse des Laserstrahls
d_o	$[\mathrm{m}]$	Breite des Überlappungsbereichs
d_o^+	$[-]$	Oberer Grenzwert des Durbin-Watson-Tests
d_p	$[\mathrm{m}]$	Pulsabstand
d_t	$[\mathrm{m}]$	Spurabstand
d_{th}	$[\mathrm{m}]$	Thermische Eindringtiefe
d_u^+	$[-]$	Unterer Grenzwert des Durbin-Watson-Tests
ds	$[\mathrm{bit}]$	Verschiebung entlang der optischen z-Achse
$\dot{e}_s$	$[\mathrm{W/m^2}]$	Spezifische Ausstrahlung
f	$[\mathrm{Hz}]$	Pulswiederholfrequenz
$f_{\mathrm{homo},i}$	$[\mathrm{K}]$	Funktion des skalaren Nullstellenproblems der i-ten Sektion
f_I	$[\mathrm{1/m^2}]$	Intensitätsverteilung
h	$[\mathrm{Js}]$	Plancksches Wirkungsquantum
k_i	$[-]$	i-ter Parameter des angepassten Stefan-Boltzmann-Gesetztes
k_s	$[\mathrm{bit/mm}]$	Kalibrierungsfaktor des Scansystems
l	$[\mathrm{m}]$	Trajektorienlänge
n	$[-]$	Anzahl der Zeitschritte
t	$[\mathrm{s}]$	Zeit
t_d	$[\mathrm{s}]$	Verzögerungszeit
$t_{d,i}$	$[\mathrm{s}]$	Verzögerungszeit der Sektion i
$\tilde{t}_{d,2}$	$[\mathrm{s}]$	Gestörte Verzögerungszeit der Sektion i
t_s	$[\mathrm{s}]$	Sprungzeit
$t_{\bar{s}}$	$[\mathrm{s}]$	Natürliche Sprungzeit
Δt	$[\mathrm{s}]$	Zeitschrittweite
t_{int}	$[\mathrm{s}]$	Integrationszeit
v_s	$[\mathrm{m/s}]$	Scangeschwindigkeit
v_{pos}	$[\mathrm{m/s}]$	Positioniergeschwindigkeit
w_0	$[\mathrm{m}]$	Strahlradius an der Strahltaille
x	$[\mathrm{m}]$	Räumliche Koordinate
x_i	$[-]$	i-te Kovariable des allgemeinen Regressionsmodells
y	$[\mathrm{m}]$	Räumliche Koordinate
y_r	$[-]$	Zielvariable des allgemeinen Regressionsmodells
z	$[\mathrm{m}]$	Räumliche Koordinate
Δz	$[\mathrm{m}]$	Differenz in z-Richtung

Zeichen	Einheit	Bedeutung
$\mathbf{e}$	$[m]$	Richtungsvektor des Laserstrahls
$\mathbf{n}$	$[m]$	Normalenvektor der FE-Modelloberfläche
$\mathbf{q}$	$[W/m^2]$	Fluss über die Oberfläche
$\mathbf{t_d}$	$[s]$	Vektor der sektionsweise definierten Verzögerungszeiten
$\mathbf{t_s}$	$[s]$	Vektor der Sprungzeiten
$\mathbf{x}$	$[m]$	Ortsvektor des FE-Modells

Griechische Formelzeichen

Zeichen	Einheit	Bedeutung
α	$[-]$	Absorptionsgrad
β_i	$[-]$	i-ter Regressionskoeffizient
γ	$[-]$	Reflexionsgrad
ϵ	$[-]$	Störgröße der Regression
ε	$[-]$	Emissionsgrad
ζ	$[s]$	Störgröße der Verzögerungszeit
η	$[-]$	Zählvariable der Trajektorien
ϑ	$[K]$	Temperatur
ϑ_0	$[K]$	Anfangstemperatur
$\vartheta_{\mathrm{homo},i}$	$[K]$	Berechnete Maximaltemperatur im Messbereich i
ϑ_{max}	$[K]$	Maximale Temperatur
$\vartheta_{\mathrm{ref,homo}}$	$[K]$	Vorgegebene Referenztemperatur
λ	$[m]$	Wellenlänge
$\tilde{\lambda}$	$[W/mK]$	Wärmeleitfähigkeit
ξ	$[m]$	Lokale Koordinate der Beispielgeometrie
ρ	$[kg/m^3]$	Dichte
σ	$[W/m^2K^4]$	Stefan-Boltzmann-Konstante
τ	$[-]$	Transmissionsgrad
$\boldsymbol{\vartheta_m}$	$[K]$	Vektor der berechneten mittleren Temperaturen
$\boldsymbol{\vartheta_r}$	$[K]$	Vektor der Referenztemperatur

Abkürzungen

Abk.		Bedeutung
AF	=	*Adhesive Failure*
AMC	=	*Acceptable Means of Compliance*
ANOVA	=	*Analysis of Variance*
ASTM	=	*American Society for Testing and Materials*
BDF	=	*Backward Differentiation Formulas*
CF	=	*Cohesive Failure*
CFK	=	Kohlenstofffaserverstärkter Kunststoff
CNC	=	*Computerized Numerical Control*
CS	=	*Certification Specification*
CSF	=	*Cohesive Substrate Failure*
DCB	=	*Double Cantilever Beam*
DIN	=	Deutsches Institut für Normung
DSC	=	*Differential scanning calorimetry*
EDX	=	*Energy dispersive X-ray spectroscopy*
FEM	=	Finite-Elemente-Methode
FIB	=	*Focused Ion Beam*
IR	=	Infrarot
LIP-MM	=	*Laser induced plasma micro machining*
LP	=	Laserparameter
LPB	=	*Low pressure blasting*
LSM	=	Laser-Scanning Mikroskop
MLR	=	Multiple Lineare Regression
MRO	=	*Maintenance, Repair and Overhaul*
Nd:YAG	=	Neodym-dotierter Yttrium-Aluminium-Granat
REM	=	Rasterelektronenmikroskop
ROI	=	*Region of Interest*
UKP	=	Ultrakurzpuls
UV	=	Ultraviolett
VIF	=	*Variance Inflation Factor*
XPS	=	*X-ray photoelectron spectroscopy*

1 Einleitung

Der Einsatz kohlenstofffaserverstärkter Kunststoffe (CFK) nimmt aufgrund der herausragenden Eigenschaften des Werkstoffs und des anhaltenden Trends zum Leichtbau stetig zu. So ist der Markt für CFK zwischen 2010 und 2017 um jährlich 12,8 % auf ein Volumen von 114 kt bei einem Umsatz von 14,73 Mrd. US$ [1] gewachsen. Besonders in der Luftfahrt hat die Verwendung des Werkstoffes ein vollständig industrialisiertes Niveau erreicht. Mit der Inbetriebnahme der neuen Flugzeugprogramme Boeing 787 (Erstflug 2009) sowie der Airbus A350 XWB (Erstflug 2013) sind zwei Flugzeuge mit einem CFK-Gewichtsanteil von 50 % bzw. 53 % in Dienst gestellt worden [2]. Damit hat sich der Einsatz von CFK als Standardwerkstoff etabliert. Abbildung 1.1 zeigt zur Verdeutlichung die Einsatzbereiche von Faserverbundkunststoffen am Beispiel der Boeing 787.

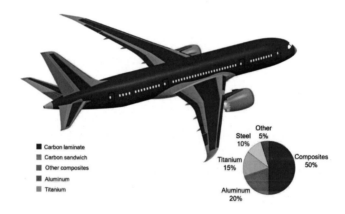

Abbildung 1.1: Materialzusammensetzung der Boeing 787 [3]

Neben der Entwicklung von CFK als Konstruktionswerkstoff unterstreichen die Prognosen hinsichtlich der weltweiten Entwicklung des Luftverkehrs und der Anzahl der sich im Betrieb befindlichen Flugzeuge die zukünftig weiter stark zunehmende Verbreitung von CFK. So wird davon ausgegangen, dass bis zum Jahr 2036 ca. 41000 neue Flugzeuge in Dienst gestellt werden und sich die Größe der weltweiten Flugzeugflotte auf ca. 47000 gegenüber 2016 verdoppeln wird [4]. Getrieben durch das starke Wachstum der im Dienst stehenden Flugzeugflotte erhöht sich auch das Volumen des *Maintenance, Repair and Overhaul* (MRO) Marktes entsprechend. Dieser umfasst im Jahr 2019 bereits ein Volumen von 81,9 Mrd. US$ und soll in den kommenden zehn Jahren auf 116 Mrd. US$ ansteigen [5]. Diese Entwicklungen implizieren die Notwendigkeit und die Marktrelevanz, alle Fertigungsprozesse rund um den Einsatz von CFK auf ein soweit industrialisiertes Niveau zu entwickeln, dass diese Volumina kosteneffizient bearbeitet werden können.

© Der/die Herausgeber bzw. der/die Autor(en), exklusiv lizenziert durch
Springer-Verlag GmbH, DE, ein Teil von Springer Nature 2020
P. Thumann, *Laserbasierte Klebflächenvorbereitung für CFK
Strukturbauteile*, Light Engineering für die Praxis,
https://doi.org/10.1007/978-3-662-62241-4_1

Dies gilt dabei für die Herstellungsprozesse, in gleichem Maße aber auch für die Instandhaltungs- und Reparaturprozesse.

Bei der Reparatur von Flugzeugen wird zwischen kosmetischen und strukturellen Reparaturen unterschieden [6, S. 144f.]. Im Bereich konventioneller Werkstoffe wie bspw. Aluminium existieren dafür etablierte und effiziente Reparaturlösungen. Durch die Faserverstärkung stellt CFK hingegen besondere Anforderungen an einen Reparaturprozess. Dieser sollte möglichst durch eine adhäsiv gefügte Reparaturstelle erfolgen, da auf diese Weise keine Schädigung des Ursprungsmaterials durch Befestigungsbohrungen o.Ä. erfolgt. Dabei eignet sich besonders die in Abbildung 1.2 schematische dargestellte Ausführungsform als geschäftete Reparaturstelle. Der Vorteil einer Schäftung liegt in einem für Klebverbindungen günstigen Spannungszustand, der sich durch einen hohen Anteil an Schubspannungen auszeichnet [7, S. 539]. Für eine geschäftete Reparaturstelle wird zunächst das beschädigte Material entfernt und die Schäftung hergestellt. Anschließend werden mit Hilfe eines Klebfilms Reparaturlagen mit dem Primärlaminat verbunden, um so die ursprüngliche Form und Festigkeit möglichst vollständig wiederherzustellen.

Reparaturlagen

Klebfilm

Primärlaminat

Abbildung 1.2: Schematische Darstellung einer geschäfteten Reparaturstelle

Aufgrund der aktuellen Zulassungsvorschriften, insbesondere der CS 23 bzw. der AMC 20-29, ist eine strukturelle Reparatur von CFK durch eine rein adhäsive Fügeverbindung jedoch nicht zulässig. Wesentliche Hintergründe dafür sind die unzureichende Reproduzierbarkeit der Qualität von Klebverbindungen und das Fehlen zerstörungsfreier Prüftechnik. Anstelle einer rein adhäsiv gefügten Reparaturverbindung wird daher heute ein Verbindungselement vorgesehen, welches die Last auch beim vollständigen Versagen der Klebung übertragen könnte [8]. Dafür müssen jedoch typischerweise Bohrungen in die CFK Struktur eingebracht werden, welche die Fasern zerstören und so das Material schwächen.

Um den Weg für eine zukünftige Zulassung einer adhäsiv gefügten Reparatur von CFK Strukturbauteilen zu ebnen und damit auf zusätzliche Verbindungselemente verzichten zu können, muss jeder Teil der Reparaturprozesskette ein reproduzierbares Prozessergebnis mit gleichbleibend hoher Qualität liefern. Dazu soll die vorliegende Arbeit einen Beitrag leisten, indem sie sich dem zentralen Prozess der Klebflächenvorbereitung - d.h. der Vorbereitung der Kontaktfläche zwischen Klebfilm und Primärlaminat - widmet. Dieser Prozess definiert maßgeblich die Qualität der resultierenden Klebverbindung und ist ausschlaggebend für die erzielbare Versagensart und Versagenslast.

In den wissenschaftlichen Arbeiten der vergangenen Jahre zum Thema Klebflächenvorbereitung von CFK wurden verschiedene Fertigungstechnologien wie die Plasmavorbehandlung, die chemische Vorbehandlung oder auch die Laservorbehandlung untersucht und die grundsätzliche Eignung für verschiedene Szenarien demonstriert. Unter den betrachteten Verfahren zeichnet sich vor allem der Laser durch hohe Prozessgeschwindigkeiten, eine reproduzierbar hohe Qualität und sehr gute Integrierbarkeit in industrielle Produktionsumgebungen aus. Diese Eigenschaften machen den Laser gerade für die Reparatur von Flugzeugen, welche sich durch Termindruck, hohe Qualitätsanforderungen und ständige wechselnde Reparatursituationen auszeichnet, zu einem vielversprechenden Werkzeug. Aufgrund dieses hohen Potentials wird die laserbasierte Klebflächenvorbereitung in der vorliegenden Arbeit betrachtet. In den bisherigen Untersuchungen zur laserbasierten Klebflächenvorbereitung wird der Laserprozess durch Standardparameter wie bspw. der Pulsenergie, der Pulswiederholfrequenz oder der Scangeschwindigkeit charakterisiert. Diese Beschreibung entspricht dem Stand der Technik, bildet jedoch nicht alle Eigenschaften des Prozesses ab. Die Entwicklung der Prozesstemperatur beispielsweise, welche zum einen durch die Parameterkombination, zum anderen aber auch durch die Geometrie beeinflusst wird, lässt sich durch eine konventionelle Prozessbeschreibung nicht abbilden. Bei der Bearbeitung temperatursensibler Materialien wie CFK spielt die Kontrolle der Prozesstemperatur aber eine zentrale Rolle. Zudem werden typischerweise nur Standardgeometrien betrachtet, sodass eine Übertragung der Entwicklungsergebnisse auf anwendungsrelevante Geometrien nicht direkt möglich ist. Auch die Auswahl der Charakterisierungsmethoden ist in bisherigen Arbeiten nicht einheitlich gelöst und bedarf einer Evaluierung. Aus diesen Aspekten leiten sich die zentralen Forschungsbedarfe ab, welche im Rahmen der Arbeit adressiert werden.

Ziel der Arbeit ist die Deckung der Forschungsbedarfe durch die Entwicklung neuartiger Methoden zur Prozessbeschreibung und Prozesssteuerung sowie die Analyse des auf dieser Basis entwickelten Bearbeitungsprozesses. Es soll evaluiert werden, inwieweit sich durch diese neuen Methoden eine homogene Klebflächenvorbereitung realisieren lässt und so eine definierte Klebverbindung geschaffen werden kann. Dazu wird ein dualer Ansatz aus empirischer und virtueller Prozessentwicklung angewendet. Zur thermischen Kontrolle des Laserprozesses werden zunächst auf Basis eines umfassenden, systematischen Versuchsplans Thermographiemessungen durchgeführt. Mit Hilfe dieser Daten wird ein Prozessmodell zur Beschreibung der Temperaturentwicklung bei der Bearbeitung einfacher Geometrien hergeleitet. Dieses Prozessmodell definiert zulässige Parameterkombinationen, mit denen Testkörper bearbeitet und hinsichtlich ihrer optischen, chemischen und mechanischen Eigenschaften charakterisiert werden. Die Übertragung des entwickelten Prozesses auf komplexe Realgeometrien erfolgt anschließend im Rahmen einer virtuellen Prozessentwicklung. Dazu wird ein transientes Finite-Elemente-Modell des Prozesses entwickelt und es werden komplexitätsreduzierende Ansätze zur Sicherstellung effizienter Berechnungen hergeleitet. Dieses numerische Prozessmodell erlaubt auch für komplexe Geometrien die Ableitung angepasster Bearbeitungsstrategien zur thermischen Prozesskontrolle. Die Validierung des Modells erfolgt an einer Testgeometrie durch Thermographiemessungen.

Die Arbeit gliedert sich in vier wesentliche Teile. Im ersten Teil werden in Kapitel 2 für das Verständnis wesentliche Grundlagen erläutert und in Kapitel 3 der aktuelle Stand von Wissenschaft und Technik dargestellt. Daraus wird in Kapitel 4 der Forschungsbedarf abgeleitet und die Zielstellung sowie die Entwicklungsstrategie der Arbeit ausgeführt. Den zweiten Teil der Arbeit bildet das Kapitel 5 mit der empirischen Prozessentwicklung, im Rahmen derer ein erstes Prozessmodell zur Temperaturentwicklung hergeleitet und an einfachen Prüfgeometrien das Prozessergebnis untersucht wird. Den dritten Teil der Arbeit bildet die virtuelle Prozessentwicklung in Kapitel 6, die ein numerisches Modell zur Berechnung geometrieangepasster Prozessstrategien zur Verfügung stellt. Abschließend bildet das Kapitel 7 den vierten Teil der Arbeit, welcher sich mit ausgewählten Aspekten der Industrialisierung des Prozesses beschäftigt.

2 Grundlagen

Im folgenden Kapitel werden in kurzer Form die wichtigsten Grundlagen zum Verständnis dieser Arbeit erläutert. Dabei erfolgt zunächst eine Darstellung zentraler Eigenschaften kohlenstofffaserverstärkter Kunststoffe als das im Rahmen der Arbeit eingesetzten Materials. Anschließend erfolgt eine Betrachtung ausgewählter Aspekte der Klebtechnik, bevor im letzten Teil die rechtlichen Grundlagen struktureller Klebreparaturen in der Luftfahrt sowie einzelne Bereiche des Reparaturkontextes zum Verständnis der Zielstellung der Arbeit behandelt werden.

2.1 Kohlenstofffaserverstärkte Kunststoffe

Kohlenstofffaserverstärkte Kunststoffe bilden eine spezielle Klasse von Faser-Kunststoff-Verbunden. Diesen beruhen allgemein auf dem Wirkprinzip der Verbundkonstruktion, d.h. es werden Werkstoffe so verbunden, dass Eigenschaften erreicht werden, die die Einzelkomponenten nicht erreichen könnten. Dabei liegt eine Aufgabenteilung der Verbundpartner vor: Die Fasern übernehmen die auftretenden mechanischen Lasten, wohingegen die Matrix die Fasern umschließt und stützt. [7, S. 13] Die so entstehenden Verbunde verfügen über hohe Festigkeiten und Steifigkeiten bei gleichzeitig niedriger Dichte, was sie zu einem idealen Leichtbauwerkstoff macht [7, S. 4]. Da oft flächige Bauteile mittels Faser-Kunststoff-Verbunden hergestellt werden, existieren verschiedene flächige textile Halbzeuge als Ausgangsmaterial, wie bspw. Gewebe, Multiaxialgelege, Matten, Geflechte etc. [7, S. 57]. Durch ein Stapeln mehrerer solcher Einzelschichten entsteht ein Mehrschichten-Verbund oder Laminat [7, S. 14].

Als Verstärkungsfasern werden heutzutage vor allem Glasfasern, Kohlenstofffasern, Aramidfasern und Naturfasern eingesetzt [9, S. 33]. Im Bereich der Matrixwerkstoffe existieren Duroplaste, Thermoplaste und Elastomere [7, S. 77]. Dies erlaubt eine große Bandbreite an Kombinationsmöglichkeiten, um gewünschte Materialeigenschaften des Verbunds einzustellen. Im Bereich der Luftfahrt werden als zentrales Halbzeug sog. *Prepregs (preimpregnated materials)* eingesetzt. Dabei handelt es sich um vorimprägnierte Halbzeuge mit einem definierten Verhältnis von Fasern und Matrix, wobei sowohl duroplastische als auch thermoplastische Matrixmaterialien eingesetzt werden können. [9, S. 233] Für großflächige Bauteile in der Luft- und Raumfahrt werden typischerweise duroplastische *Prepregs* eingesetzt, die im Autoklav verarbeitet werden. Auf diese Weise lassen sich Bauteile mit höchstmöglichem Faservolumenanteil in sehr guter Qualität herstellen. [10, S. 309ff.] Im Folgenden beschränkt sich die Darstellung daher ausschließlich auf die Kombination von Kohlenstofffasern und Epoxidharz-basierten duroplastischen Matrixsystemen,

P. Thumann, *Laserbasierte Klebflächenvorbereitung für CFK Strukturbauteile*, Light Engineering für die Praxis, https://doi.org/10.1007/978-3-662-62241-4_2

da es sich dabei um die im Rahmen dieser Arbeit untersuchte Materialkombination handelt.

Faserwerkstoff

Kohlenstofffasern bestehen zu mehr als 90 % aus Kohlenstoff. Die übrigen Anteile setzen sich zusammen aus < 7 % Stickstoff, < 1 % Sauerstoff und < 0,3 % Wasserstoff. Die Herstellung der Fasern erfolgt heute hauptsächlich über das Ausgangsprodukt Polyacrylnitril, welches zu einem Präkursor gestreckt wird und unter mechanischer Spannung einer mehrstufigen Wärmebehandlung teils an Luft, teils unter Inertgas unterzogen wird. Durch Variation der finalen Wärmebehandlung lassen sich auf diesem Weg entweder Fasern mit hohem E-Modul bei niedrigerer Festigkeit oder hochfeste Fasern mit niedrigerem E-Modul herstellten. Typische Werte für Festigkeit und E-Modul von Standard-Kohlenstofffasern liegen bei 3500 MPa bzw. 230 GPa, wobei die Fasern Durchmesser von 5 µm - 10 µm aufweisen. [11, S. 39]

Die Abbildung 2.1 zeigt die ideale Graphitstruktur einer Kohlenstofffaser. Dabei ist zu erkennen, dass innerhalb der einzelnen Schichten zwischen den Kohlenstofatomen starke kovalente Bindungen vorliegen, zwischen den Schichten jedoch nur Van-der-Waals-Kräfte, sodass eine Anisotropie innerhalb der Faser vorliegt. Die angegeben Werte sind dabei die sich aus den Bindungsenergien theoretisch ergebenden Werte. [11, S. 39]

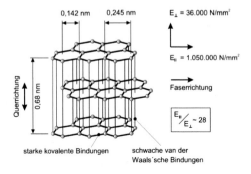

Abbildung 2.1: Ideale Graphitstruktur einer Kohlenstofffaser [11, S. 38]

Matrixwerkstoff

Der Matrixwerkstoff übernimmt in einem Faser-Kunststoff-Verbund eine Reihe an Aufgaben wie bspw. die Krafteinleitung in die Faser, die Kraftleitung zwischen den Fasern oder auch die Aufnahme von Schubkräften. Aus diesem Grund werden die Eigenschaften des Faser-Kunststoff-Verbunds durch die Auswahl des Matrixsystems maßgeblich beeinflusst. Am häufigsten kommen dabei Duroplaste als Matrixsystem zum Einsatz. [7, S. 77f.]. Duroplastische Kunststoffe bestehen aus langkettigen Polymeren mit einer engmaschigen Vernetzung [12, S. 60]. Zu den wichtigsten duroplastischen Matrixsystemen zählen dabei die Epoxidharze, bei denen die Vernetzungsreaktion als Polyaddition stattfindet [10, S. 43]. Diese werden im Rahmen der vorliegenden Arbeit betrachtet.

Die Herstellung von Epoxidharzen geschieht hauptsächlich auf Basis von Bisphenol A und Epichlorhydrin [13, S. 1176]. Im verarbeiteten Zustand als Formstoff zeichnet sich Epoxidharz durch eine gute chemische Beständigkeit aus und erreicht mechanische Festigkeiten zwischen 60 MPa und 80 MPa bei einem Elastizitätsmodul zwischen 3000 MPa und 4500 MPa [9, S. 74f.].

Betrachtung der Grenzflächen

Neben den Eigenschaften der Faser und den Eigenschaften des Matrixsystems ist für die Charakteristik des Faser-Kunststoff-Verbundes auch die Oberfläche der Faser als Grenzschicht zwischen den Komponenten des Verbundes entscheidend. Die Wechselwirkung zwischen Faser und Matrix hängt dabei stark von der chemischen Zusammensetzung der Faseroberfläche sowie der Oberflächentopographie der Faser ab [14, S. 171].

Bei der Herstellung von Kohlenstofffasern wird zum Ende des Herstellungsprozesses eine Schlichte auf die Fasern aufgebracht, welche die Fasern gegen Beschädigungen - insbesondere abrasiven Verschleiß - schützt, die Fasern für eine bessere Verarbeitbarkeit verbindet und die Anbindung zwischen Fasern und Matrix verbessern soll [14, S. 186]. Der wesentliche Fokus beim dem Einsatz der Schlichte liegt dabei allerdings in der Verbesserung der Verarbeitbarkeit [15].

Um die mechanischen Eigenschaften des Faser-Kunststoff-Verbundes zu verbessern, existieren verschiedene Oberflächenmodifikationsverfahren, welche vor dem Aufbringen der Schlichte durchgeführt werden. Diese lassen sich allgemein in oxidative und nicht-oxidative Verfahren unterteilen. Dabei wird industriell meistens eine anodische Oxidation eingesetzt, welche im Elektrolytbad durchgeführt wird und zu der in Abbildung 2.2 dargestellten Aufrauung der Oberfläche führt, sodass verbesserte Angriffsmöglichkeiten für die Matrix vorliegen. [9, S. 150]

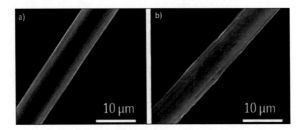

Abbildung 2.2: REM Aufnahme einer Kohlenstofffaser a) vor und b) nach der Ober-
flächenbehandlung [9, S. 150]

2.2 Klebtechnik

Im Folgenden werden die zum Verständnis der vorliegenden Arbeit notwendigen
Grundlagen zur Klebtechnik ausgeführt. Für vertiefende Informationen wird auf
die Fachliteratur wie bspw. [16] und [17] verwiesen.

Kleben ist als Fertigungsverfahren als Gruppe 4.8 in das Ordnungssystem nach DIN
8580 eingeordnet und gehört zur Hauptgruppe 4 - Fügen. Es bezeichnet das „Fügen
unter Verwendung eines Klebstoffes [...], d. h. eines nichtmetallischen Werkstoffes,
der Fügeteile durch Flächenhaftung und innere Festigkeit (Adhäsion und Kohäsion)
verbinden kann."[18] Eine Klebung weist dabei den in Abbildung 2.3 dargestellten
Aufbau auf. Die Festigkeit der Klebung beruht damit auf den Einzelfestigkeiten
der Fügeteile 1 & 2, der Grenzschichten 1 & 2 sowie der Festigkeit der Klebschicht
[16, S.315].

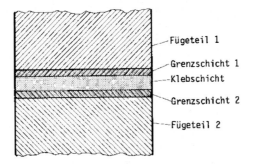

Abbildung 2.3: Aufbau einer Klebung [16, S. 315]

Als Adhäsion bezeichnet man „das makroskopisch zweidimensionale (flächige) An-
einanderhaften artgleicher oder artfremder Substanzen "[19, S. 11]. Dafür ist die
Benetzung des Festkörpers durch den Klebstoff ein notwendiges, jedoch kein hin-
reichendes Kriterium [19, S. 14]. Zur Erklärung der Haftung von Klebschichten an
Festkörpern existiert bis heute keine universelle Adhäsionstheorie, die alle beteilig-
ten Phänomene vollumfänglich beschreiben kann. Vielmehr existieren verschiedene

Adhäsionstheorien, die sich in die Kategorien spezifische Adhäsion, mechanische Adhäsion und Autohäsion (für vornehmlich kautschukelastische Polymerschichten) aufteilen lassen. Unter die spezifische Adhäsion fallen die Adhäsionsphänomene, die auf chemischen, physikalischen und thermodynamischen Gesetzmäßigkeiten beruhen. Die mechanische Adhäsion beschreibt die vornehmlich formschlüssige Verankerung der Klebschicht in Poren, Kapillaren oder Hinterschneidungen des Fügeteils und war früher eine zentrale Erklärung der Adhäsion. Allerdings lässt sich damit bspw. nicht die gute Haftung von Klebstoffen an Glas oder glatten Metallflächen erklären, sodass weiterführende Erklärungsansätze vorliegen müssen. [16, S. 324ff.] Für Details zu den umfangreichen Adhäsionstheorien sei auf die Fachliteratur wie [16] oder auch [20] speziell für das Kleben von Polymeren verwiesen.

Der am häufigsten eingesetzte Versuch zur mechanischen Prüfung von Klebverbindungen ist der Zugscherversuch nach DIN EN 1465 [17, S. 446]. Der Aufbau und die Probengeometrie einschließlich der Verformung der Probe unter Belastung ist in Abbildung 2.4 dargestellt.

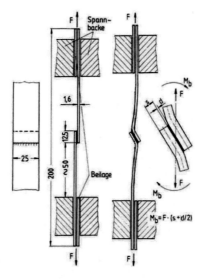

Abbildung 2.4: Versuchsaufbau, Probengeometrie und Verformung beim Zugscherversuch nach DIN EN 1465 [17, S. 446]

Unter Belastung stellt sich bei dem Zugscherversuch eine ungleichmäßige Spannungsverteilung ein, bei der sowohl Schub- als auch Normalspannungen auftreten. Dabei ist die Spannung an den Überlappungsenden am größten und wird von den Normalspannungen - welche an den Enden zu Schälbelastungen führen - dominiert. [17, S. 449f.] Neben dem Zugscherversuch existieren noch verschiedene weitere mechanische Prüfmethoden zur Untersuchung bestimmter Spannungszustände wie bspw. Schälversuche, Druckscherversuche oder Schlagfestigkeitsprüfungen, auf die an dieser Stelle nicht weiter eingegangen wird, da in einem Großteil der vorliegenden Literatur der Zugscherversuch als Referenz verwendet wird.

Versagt eine geklebte Verbindung bei einer mechanischen Belastung bis zum Bruch, klassifiziert man die Versagensart danach, in welchem Bereich der Klebung das Versagen auftritt. Tritt das Versagen der Verbindung im Grenzbereich zwischen dem Fügeteil und der Klebschicht auf, so spricht man von einem Adhäsionsbruch (*adhesive failure*, AF). Versagt die Verbindung in der Klebschicht selbst, spricht man hingegen von einem Kohäsionsbruch (*cohesive failure*, CF). Als weitere Möglichkeit bei einer sehr guten Adhäsion des Klebstoffs kann es zu einem Versagen des Fügeteils kommen. Dieser Fall wird als Fügeteilbruch bezeichnet. [17, S. 500ff.] Letztere Versagensart wird in der Literatur auch oft als Substratversagen (*cohesive substrate failure, CSF*) beschrieben.

2.3 Strukturelle Klebreparaturen in der Luftfahrt

Durch die EASA[1] Bauvorschriften (*Certification Specifications*) werden die Anforderungen geregelt, die für den Bau von Flugzeugen gelten. Dabei existieren als Teil der Bauvorschriften auch jeweils Anwendungshinweise (*Acceptable Means of Compliance*), welche quasiverbindlichen Charakter haben. [21, S. 107ff.] In diesen Vorschriften werden unter anderem auch strukturelle Klebverbindungen behandelt.

Die CS 23 [22] behandelt die Bauvorschriften für leichte Motorflugzeuge. Gemäß Paragraph 6 Absatz c (3) der AMC 20-29 [23] werden die in CS 23.573(a) definierten Anforderungen hinsichtlich Primärstrukturen aus Faserverbundwerkstoffen allerdings auch für Großraumflugzeuge erwartet, sodass diese im Folgenden zugrunde gelegt werden. Die CS 23.573(a) behandelt dabei allgemein Flugzeugstrukturen aus Faserverbundwerkstoffen. Speziell ist dabei in dem Unterabsatz (5) definiert, dass für geklebte Verbindungen, deren Versagen zu einem Verlust des Flugzeugs führen würden, die Belastungsfähigkeit durch eine der folgenden Methoden begründet werden muss:

i) Die maximal zulässige Ablösung einer geklebten Verbindung muss nachgewiesen werden. Ein Ablösen darüber hinaus muss durch ein Konstruktionselement verhindert werden

ii) Jede Verbindung wird mit der *critical limit design load* getestet

iii) Es werden verlässliche und reproduzierbare zerstörungsfreie Prüfverfahren eingesetzt, die die Festigkeit der Verbindung nachweisen

Heutzutage existiert jedoch kein zerstörungsfreies Prüfverfahren, das die Festigkeit einer Klebverbindung nachweisen kann. Aus diesem Grund kann die Anforderung iii) nicht erfüllt werden. Auch eine mechanische Prüfung jeder einzelnen Klebverbindung, wie sie in Anforderung ii) spezifiziert ist, kann aus Gründen der Wirtschaftlichkeit in einem Produktionsumfeld für kommerzielle Flugzeuge nicht umgesetzt werden. Somit werden heutzutage strukturelle Klebverbindungen nach

---

[1] *European Union Aviation Safety Agency*, Europäische Agentur für Flugsicherheit

Anforderung i) derart ausgelegt, dass zusätzliche Befestigungsmittel eingesetzt werden, bei deren Auslegung davon ausgegangen wird, dass die Klebung vollständig versagt und die Lasten nur durch die Befestigungsmittel aufgenommen werden. [8] Eine rein geklebte strukturelle Reparatur ist somit heute nicht möglich [6, S. 150].

Aktuelle Forschungsbestrebungen zielen daher in die Richtung einer erhöhten Prozesssicherheit, insbesondere hinsichtlich Automatisierung, zerstörungsfreier Prüfung, einer Verbesserung des Verständnisses von Auswirkungen der Klebparameter sowie hinsichtlich der Oberflächenvorbehandlung. [8]

Einen wichtigen Punkt in der Fertigungsprozesskette - welcher für die vorliegende Arbeit und den Kontext der Reparatur von Bedeutung ist - stellt dabei die Art der Klebverbindung dar. Abbildung 2.5 zeigt drei mögliche Aufbauarten einer Klebverbindung, wovon insbesondere die letzten beiden im Kontext der Reparatur relevant sind. In beiden Fällen werden die Fügepartner mit einem Adhäsiv verbunden. Der Unterschied zwischen dem *Co-Bonding* und *Secondary Bonding* liegt jedoch darin, dass beim *Co-Bonding* einer der Fügepartner noch nicht ausgehärtet ist und mit dem Adhäsiv gemeinsam aushärtet. Beim *Secondary Bonding* werden hingegen zwei ausgehärtete Bauteile gefügt. So ist beim *Secondary Bonding* Adhäsion der Fügemechanismus, beim *Co-Bonding* zusätzlich auch die chemische Vernetzung zwischen Adhäsiv und unausgehärtetem Bauteil [8].

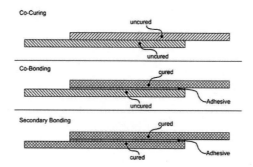

Abbildung 2.5: Klassifikation von geklebten Faserverbundverbindungen [8]

Eine in dem Kontext wichtige Entwicklung im Bereich der Materialien stellen neuartige *Prepregs* dar, die nicht in einem Autoklavprozess verarbeitet werden müssen. So sind in den vergangenen Jahren spezielle *Out-of-Autoclave Prepregs* entwickelt worden, mit denen Bauteile in Autoklav-Qualität mit Hilfe eines Vakuumsacks hergestellt werden können [24]. Im Kontext der Reparatur ist dies von zentraler Bedeutung, da auf diese Weise Reparaturen auf Basis des zuvor genannten *Co-Curings* erfolgen können, ohne das ein Ausbau der entsprechenden Komponente und eine Verarbeitung im Autoklav erfolgen muss.

Hinsichtlich der Gestaltung einer Reparaturstelle stellen geschäftete Reparaturen die bevorzugte Möglichkeit dar, die Ausgangsfestigkeit wiederherzustellen [25]. Diese Art der Fügestellengestaltung wird auch im Rahmen der vorliegenden Arbeit verwendet. Dabei lassen sich Schäftungen als kontinuierliche oder gestufte Schäftung ausführen. Bei einer gestuften Schäftung erfolgt ein lagenweiser Abtrag des Primärlaminats, sodass eine gestufte Oberfläche entsteht. Bei einer kontinuierlichen Schäftung wird hingegen der Materialabtrag entsprechend der in Abbildung 1.2 dargestellten Reparaturstelle gestaltet, wodurch ein gleichmäßiger Übergang zwischen den Lagen des Laminats gewährleistet wird. Bei der nachfolgenden Durchführung der Reparatur auf Basis der hergestellten Schäftung wird zwischen *Hard-Patch* und *Soft-Patch* Reparaturen unterschieden. Bei ersteren wird ein Reparaturstück gefertigt und im ausgehärteten Zustand mit dem zu reparierenden Bauteil verklebt, bei letzteren wird hingegen das Adhäsiv sowie das unausgehärtete Laminat (bspw. *Prepreg*) auf die Reparaturstelle aufgebracht und im *Co-Curing* gemeinsam ausgehärtet [26].

3 Stand von Wissenschaft und Technik

Im folgenden Kapitel wird der für die vorliegende Arbeit relevante Stand von Wissenschaft und Technik als Grundlage der durchgeführten Arbeiten dargestellt. Dabei werden verschiedene bisher untersuchte Ansätze zur Klebflächenvorbereitung bei der Reparatur von CFK diskutiert. Zunächst erfolgt dabei eine Darstellung nicht-laserbasierter Ansätze und anschließend eine vertiefte Betrachtung laserbasierter Verfahren zur Klebflächenvorbereitung.

Die Vorbereitung von Klebflächen ist ein wesentlicher Teil der Klebprozesskette. Das Ziel dabei ist die Optimierung der Haftungskräfte zwischen der Fügeteiloberfläche und der Klebschicht [16, S. 542]. Während Klebprozesse bei der Herstellung von CFK Bauteilen unter kontrollierten Bedingungen ablaufen, können bei Reparaturprozessen leicht Kontaminationen der Klebflächen durch Bearbeitungsprozesse wie bspw. das vorhergehende Fräsen oder durch Umgebungsbedingungen wie bspw. Luftfeuchtigkeit oder Chemikalien im Reparaturumfeld auftreten. Die Reinigung und Vorbereitung der Klebflächen von CFK Bauteilen ist daher essentiell, um eine gute Anbindung der Fügepartner bei geklebten strukturellen Reparaturen sicherzustellen [27].

3.1 Nicht-laserbasierte Verfahren

Neben den im nächsten Abschnitt betrachteten laserbasierten Verfahren zur Klebflächenvorbereitung existieren viele ältere und neuere Verfahren, die heute in verschiedensten Bereichen zur Klebflächenvorbereitung eingesetzt werden. Diese werden oft als Referenz im Vergleich zu laserbasierten Verfahren herangezogen und dienen dazu, die Qualität und Wirtschaftlichkeit neu entwickelter Verfahren zu evaluieren. Im folgenden Abschnitt werden daher bisherige Forschungsarbeiten zu zentralen nicht-laserbasierten Verfahren beleuchtet.

3.1.1 Mechanische Verfahren

Die mechanischen Verfahren bilden die einfachste Klasse an Möglichkeiten zur Klebflächenvorbereitung. Dazu zählen bspw. das Schleifen, Bürsten oder das Strahlen. Bei der mechanischen Klebflächenvorbereitung wird die Oberfläche mechanisch abgetragen und aufgeraut [17, S. 161]. Dabei ist das am häufigsten eingesetzte Verfahren eine Kombination aus Schleifen und einer Lösemittelreinigung. Ziel dieses kombinierten Verfahrens ist es, die mechanische Adhäsion zu verbessern, indem Kontaminationen entfernt und Oberflächenrauheit verbessert wird. [27] Nachteilig dabei ist die typischerweise manuelle Ausführung der Klebflächenvorbereitung, was zu inhomogenen und vor allem industriell nicht skalierbaren Prozessen führt. Aus diesem Grund werden die mechanischen Verfahren an dieser Stelle nicht weiter betrachtet.

3.1.2 Chemische Verfahren

Im Bereich der chemischen Verfahren wurden verschiedene Ansätze sowohl auf Faser- als auch auf Laminatebene verfolgt, um die Anbindung zwischen Kohlenstofffasern und Epoxidwerkstoffen zu verbessern [28, 29]. Dabei wird das Ziel verfolgt, durch eine Vorbehandlung der Klebflächen mit geeigneten Chemikalien eine Funktionalisierung der Oberfläche mit definierten Eigenschaften zu erlangen.

Jölly et al. [28] haben sich dabei auf die Anwendung im Kontext der strukturellen Reparaturen fokussiert und untersucht, wie durch eine zweistufige Oberflächenfunktionalisierung eine optimierte Klebfestigkeit erreicht wird und kovalente Bindungen zwischen dem Ausgangslaminat und dem Epoxid-basierten Klebstoff ausgebildet werden können. Es wurden sowohl unbehandelte, geschliffene, Coronabehandelte und auf zwei Arten chemisch behandelte Proben miteinander verglichen. Dazu wurden Benetzungstests, Kontaktwinkelmessungen, XPS Untersuchungen sowie Zugscherversuche und *Double Cantilever Beam* (DCB) Versuche durchgeführt. Die chemische Behandlung erfolgte dabei zweistufig: Zunächst wurden die Proben mit atmosphärischem Plasma (Corona) behandelt. Anschließend wurden sie für zwölf Stunden bei Raumtemperatur in das Organosilan GPTMS oder das Thiol TetraThiol getaucht. Im letzten Schritt wurden sie gespült und für 30 min bei 60 °C im Ofen getrocknet. Es wurden bei den Untersuchungen mehrere wesentliche Erkenntnisse erzielt: Sowohl die reine Plasmabehandlung als auch die zweistufige Behandlung mit Plasma und Chemikalien führte zu einer deutlichen Erhöhung der Oberflächenspannung und somit zu einer besseren Benetzung. Allerdings ist diese bei einer reinen Plasmabehandlung nicht stabil. Es zeigte sich, dass eine "hydrophobe Erholung" erfolgt und der Kontaktwinkel mit Wasser in 24 h von $32 \pm 2°$ auf $65 \pm 2°$ anstieg. Die beiden Verfahren zur chemischen Modifikation waren hingegen über vier Wochen stabil. Bei der mechanischen Prüfung zeigte sich die größte Steigerung der Festigkeit gegenüber der unbehandelten Probe bei der mechanischen Bearbeitung mittels Schleifen, gefolgt von den zwei chemischen Behandlungsverfahren. Die Autoren schreiben die deutliche Verbesserung der Festigkeit bei der mechanischen Bearbeitung hauptsächlich der mechanischen Adhäsion durch das Verhaken des Klebers in der angerauten Oberfläche ($R_a = 2\,\mu m$–$8\,\mu m$) zu. Da die Oberfläche der chemisch vorbehandelten Proben eine niedrige Rauheit ($R_a = 0{,}3\,\mu m$), gleichzeitig aber eine fast so hohe Festigkeit wie die geschliffenen Proben aufweist, kann die Verbesserung der Festigkeit chemischen Interaktionen und kovalenten Bindungen zwischen angelagerten Gruppen am CFK und dem Epoxidkleber zugeschrieben werden. Neben den statischen Untersuchungen wurden auch bruchmechanische Untersuchungen durchgeführt: Abbildung 3.1 zeigt das Risswachstumsverhalten für die verschiedenen Vorbehandlungen. Während es bei den unbehandelten Proben zu einem stick-slip Risswachstum sowie einem adhäsivem Bruch kommt, zeigen die geschliffenen Proben ein teils homogenes Risswachstum mit einem kohäsiven Versagen mit Substratdelamination, was lt. den Autoren auf Mikrorisse beim Schleifen zurückzuführen sein könnte. Die chemisch vorbehandelten Proben zeigen hingegen ein homogenes Risswachstum mit rein kohäsivem Versagen.

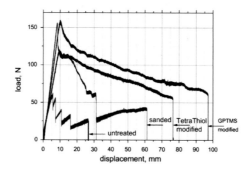

Abbildung 3.1: Risswachstum verklebter Proben in Abhängigkeit verschiedener Oberflächenvorbehandlungen [28]

Der komplexe Verfahrensablauf - insbesondere die Lagerung der Proben in den untersuchten Chemikalien - stellt eine wesentliche Herausforderung für eine industrielle Anwendbarkeit dar und ist gerade im Kontext der Reparatur von CFK Strukturbauteilen in der Luftfahrt nur schwer zu realisieren.

3.1.3 *Peel-Ply* Verfahren

Peel-Ply bezeichnet ein Abreißgewebe, welches hauptsächlich bei der Herstellung von Faserverbundbauteilen eingesetzt wird. Es dient dazu, die Oberfläche des Bauteils zu schützen und die Aufnahme von Formtrennmitteln zu verhindern. Bei der Weiterverarbeitung eines Bauteils wird das *Peel-Ply* direkt vor dem Kleben durch Abreißen entfernt. So vorbereitete Klebflächen resultieren in einer Festigkeit, die mit mechanischen Vorbehandlungen vergleichbar ist [17, S. 246]. Eine Übersicht über verschiedene Ansätze zur *Peel-Ply* Vorbereitung von Klebflächen ist in [30] zu finden.

Der Effekt einer *Peel-Ply* Behandlung - insbesondere hinsichtlich der verschiedenen Arten von industriell eingesetzten *Peel-Plys* - wurde von Holtmannspötter et al. untersucht [31]. Dabei wurden fünf verschiedene *Peel-Plys* in Verbindung mit dem *Prepreg* Hexel® 8552/IM7 mittels verschiedener optischer und oberflächenchemischer Verfahren untersucht. Es zeigte sich in REM Aufnahmen der reinen *Peel-Plys*, dass diese teils mit einer Beschichtung überzogen sind, sodass sie sich später besser vom Bauteil lösen lassen, ohne das Bauteil mechanisch zu schädigen. Diese Beschichtungen hinterlassen jedoch - wie mit EDX und XPS Messungen gezeigt werden konnte - teilweise Verunreinigungen wie Silikon oder Fluor auf der CFK

Oberfläche. Es stellte sich insgesamt heraus, dass nur eins der untersuchten *Peel-Plys* zu guten mechanischen Klebfestigkeiten mit einem kohäsiven Versagen führte. Bei allen anderen kam es zu einem vollständig adhäsiven Versagen bei niedrigen Festigkeiten. Daraus ziehen die Autoren den Schluss, dass zwar reproduzierbare, aber schlussendlich kontaminierte Oberflächen mit *Peel-Plys* hergestellt werden können, sodass der Einsatz von *Peel-Plys* als einzelnes Verfahren zur Klebflächenvorbereitung nicht zu empfehlen ist.

3.1.4 Plasma Verfahren

Ein elektrisches Verfahren für die Oberflächenvorbereitung ist die Plasmabehandlung. Dabei wird generell zwischen atmosphärischen und Niederdruckplasmen unterschieden [17, S. 197]. Auch für die Klebflächenvorbereitung von CFK wurde die Plasmabehandlung von verschiedenen Autoren untersucht [32, 33, 34, 35].

Sehr umfangreiche Untersuchungen zum Effekt von atmosphärischem Plasma auf das Klebverhalten haben bspw. Zaldivar et al. [32] durchgeführt. Die Autoren untersuchten ein CFK mit der Bezeichnung Nelcote E765 mit thermoplastischen Zusätzen, welches nach der Oberflächenvorbehandlung durch Plasma mittels des Epoxidklebers Hysol EA 9394 verklebt wurde und im Zugscherversuch nach ASTM D 3165 mechanisch geprüft wurde. Als Referenz wurden mit Isopropanol gereinigte sowie mittels Schleifpapier angeschliffene und anschließend mit Wasser und Isopropanol gereinigte Proben verwendet.

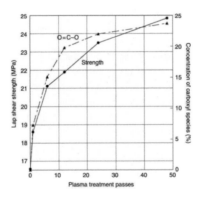

Abbildung 3.2: Scherfestigkeit und Konzentration der O=C–O Gruppe als Funktion der Plasmaüberfahrten [32]

Abbildung 3.2 zeigt die Entwicklung der Scherfestigkeit bei zunehmender Anzahl an Plasmaüberfahrten, wobei beide Referenzproben ca. 16,5 MPa Scherfestigkeit erreichten. Es ist gut zu erkennen, dass die ersten Überfahrten eine steile Zunahme der Scherfestigkeit zur Folge haben, dieser Effekt jedoch bei steigender Anzahl abnimmt. Neben den Zugversuchen wurden XPS Analysen durchgeführt und detailliert hinsichtlich der funktionalen Gruppen ausgewertet. Dabei zeigte sich eine starke Korrelation zwischen der Zunahme der Scherfestigkeit und der Zunahme der O=C–O Gruppen. Nach Ansicht der Autoren hängt die Zunahme der Scherfestigkeit mit der verbesserten Anbindung an der Grenzfläche zusammen, welche durch die Verbindung zwischen den funktionellen Gruppen und dem Epoxidklebstoff begründet ist. Weiterführende Untersuchungen zum Einfluss der Prozessparameter der Plasmabehandlung auf die Bildung von funktionellen Gruppen sind in [34] zu finden.

Ein neuartiges Verfahren zur Plasmabearbeitung stellt das Laser-induzierte Plasma (*laser induced plasma micro machining*, LIP-MM) dar, welches bspw. von Pallav et al. [36] im Detail und von Cao et al. [37] für die Anwendung bei der CFK Reparatur untersucht wurde. Das Verfahren basiert darauf, dass ein Hochleistungs-UKP-Laser in einem transparenten Dielektrikum (wie bspw. destilliertem Wasser) fokussiert wird und dort aufgrund der sehr hohen Leistungsdichte ein Plasma im Fokuspunkt entsteht. Dieses kann dann aufgrund der Plasma-Material-Wechselwirkung zum Abtragen von Material verwendet werden [36]. Cao et al. haben dafür eine CFK Probe in einem Wasserbad 10 mm unter der Wasseroberfläche positioniert und einen Nanosekunden-gepulsten frequenzverdoppelten Nd:YAG Laser 3 mm über der Werkstückoberfläche fokussiert. Ziel dabei war es, ein kontrolliertes Entfernen der Matrix für eine bessere Anhaftung in einem späteren Reparaturprozess zu ermöglichen. Das so mittels einzelner Laserpulse im Wasser erzeugte Plasma wurde zur Bearbeitung der Oberfläche genutzt, welche anschließend durch einen Trennprozess und Polieren untersucht wurde. Das Ergebnis der Bearbeitung ist in Abbildung 3.3 dargestellt.

Abbildung 3.3: REM-Aufnahme der Mitte der bearbeiteten Fläche nach 50 Laserpulsen (Laserintensität $70{,}0\,\mathrm{GW\,cm^{-2}}$, Fokusebene 3 mm über der Werkstückoberfläche) [37]

In Abbildung 3.3 ist gut zu erkennen, dass die Fasern über viele Faserlagen hinweg freigelegt werden konnten, ohne die Fasern nennenswert zu schädigen. Diese Freilegung war lt. den Autoren mit den angegebenen Parametern bis zu einer Tiefe von $350\,\mu\mathrm{m}$ möglich.

3.2 Laserbasierte Verfahren

Neben den im vorherigen Abschnitt beschriebenen Verfahren zur Klebflächenvorbereitung wurde in den vergangenen Jahren der Laser als Werkzeug zur Oberflächenvorbereitung bei der Reparatur von CFK von einer Vielzahl an Autoren untersucht.
Die wesentlichen Vorteile des Lasers liegen in dem breiten Spektrum an verfügba-
ren Wellenlängen und den damit verbundenen physikalischen Eigenschaften, der
präzisen Kontrollierbarkeit der Laserparameter sowie der guten Integrierbarkeit
in industrielle Produktionsumgebungen. So können mittels Laser kraft- und kon-
taktfrei dreidimensionale Oberflächen automatisiert bearbeitet werden. Diese Eigenschaften begünstigen die für industrielle Klebflächenvorbereitungen benötigte
Qualität und Reproduzierbarkeit. Neben dem Einsatz zur reinen Klebflächenvorbereitung wurde der Laser auch in vielen Studien als Werkzeug zur Einbringung
einer Schäftung untersucht, wie bspw. von [38, 39] oder auch [40, 41] mittels 532 nm
Laser. Dieser Schritt wird im Rahmen der vorliegenden Arbeit allerdings als bereits
gegeben angesehen, da davon ausgegangen wird, dass die Schäftung mittels eines
Fräsprozesses eingebracht wird. Eine laserbasierte Schäftung wird daher im Folgenden nicht betrachtet. Weitere Studien wie bspw. [42] und [43] untersuchten eine
Oberflächenstrukturierung und somit eine geometrische Modifikation auf kleiner
Skala zur Verbesserung der Klebverbindung. Auch dieser Ansatz wird im Folgen-
den nicht betrachtet, da eine zusätzliche Schädigung ins Material eingebracht wird.
Die folgenden Darstellungen fokussieren sich somit ausschließlich auf den Aspekt
der Klebflächenvorbereitung.

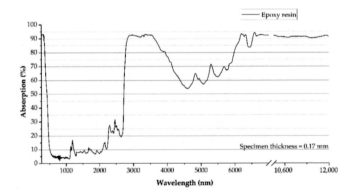

Abbildung 3.4: Absorptionsspektrum eines Epoxidharzes [44]

Die Abbildung 3.4 zeigt das Absorptionsspektrum eines Epoxidharzes. Dabei handelt es sich um den für CFK typischer Weise eingesetzten Matrixwerkstoff. Es ist
deutlich zu erkennen, dass ab Wellenlängen von ca. 300 µm die Absorption stark abfällt und erst ab ca. 2700 µm wieder deutlich zunimmt. Diese Charakteristik spielt
für die Auswahl einer Laserstrahlquelle eine entscheidende Rolle.

Kommerziell verfügbare Laserstrahlquellen existieren in einem breiten Spektrum an Wellenlängen, beginnend mit Excimer-Lasern im UV-Bereich (bspw. F_2-Excimerlaser mit 152 nm Wellenlänge) über verschiedene Laser im sichtbaren Wellenlängenbereich (bspw. frequenzverdoppelte Nd-Laser mit 532 nm), Festkörper-Laser im nahen Infrarot (bspw. Nd-Laser mit 1,06 µm), CO_2-Laser im Bereich von 10 µm bis hin zu Ferninfrarotlasern mit Wellenlänge bis in den Bereich von 1000 µm [45, S. 55f.]. Je nach Wellenlänge verfügen die Laser über verschiedene Photonenenergien E_{ph}, welche sich gemäß

$$E_{ph} = h\tilde{c}/\lambda \qquad (3.1)$$

berechnen lassen [45, S. 4]. Dabei bezeichnet h das Plancksche Wirkungsquantum, $\tilde{c}$ die Lichtgeschwindigkeit und λ die Wellenlänge. Aufgrund der hohen Photonenenergien im UV-Bereich (bspw. 5,00 eV bei 248 nm) können mit diesen Lasern die chemischen Bindungen im polymeren Matrixmaterial (Bindungsenergie 3,61 eV) direkt aufgebrochen werden [38]. Im Gegensatz dazu erfolgt die Bearbeitung bei höheren Wellenlängen durch einen thermischen Prozess, d.h. ein Erhitzen des Materials bis zum Schmelzen / Verdampfen [46]. Die folgenden Abschnitte diskutieren den Stand von Wissenschaft und Technik für Lasersysteme verschiedener Wellenlängen und analysieren die jeweilige Eignung zur industriellen Klebflächenvorbereitung.

3.2.1 UV Laser

Der wesentliche Vorteil von Lasern im UV Bereich ($100\,\text{nm} < \lambda < 380\,\text{nm}$) ist die in Abbildung 3.4 dargestellte hohe Absorption sowie die hohe Photonenenergie, die eine direkte Bearbeitung des Matrixwerkstoffes durch ein Aufbrechen der Moleküle erlaubt. Verschiedene Autoren haben die Klebflächenvorbereitung von CFK mittels UV Lasern untersucht, bpsw. [47, 48, 49, 50, 46] oder auch [51] für hybride Materialverbindungen. Dabei wurden - mit Ausnahme von [48] - Excimerlaser eingesetzt.

Excimerlaser ermöglichen verschiedene Strahlformungen, sodass das Strahlprofil entsprechend der zu bearbeitenden Geometrie angepasst werden kann. So lassen sich bspw. Linien oder quadratische Strahlformen erzeugen, die verschiedene Prozessstrategien ermöglichen [46].

Die Abbildung 3.5 zeigt REM Aufnahmen eines mit verschiedenen Intensitäten laserbearbeiteten CFK Laminats. Es ist deutlich zu erkennen, wie mittels Excimerlaser die obere Matrixschicht gleichmäßig entfernt werden kann. So lassen sich die Fasern einstellbar tief freilegen, ohne sie dabei zu schädigen.

Um die Auswirkungen der Klebflächenvorbehandlung mittels Excimerlaser zu untersuchen, wurden von Fischer et al. Zugscherversuche nach DIN 1465 durchgeführt, deren Ergebnisse in Abbildung 3.6 dargestellt sind. Zur Klebflächenvorbereitung wurde ein Laser mit 308 nm Wellenlänge und einer Pulsdauer von 28 ns verwendet,

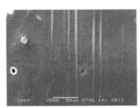

Abbildung 3.5: REM Aufnahmen der laserbehandelten Oberfläche mit niedriger Intensität (links), erhöhter Intensität (mitte) und hoher Intensität (rechts)[46]

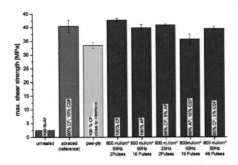

Abbildung 3.6: Ergebnisse des Zugscherversuchs verschiedener Oberflächenbehandlungen [46]

dessen Strahlprofil auf 30 mm x 1,8 mm eingestellt wurde. Es zeigt sich zunächst, dass durch eine Vorbehandlung - sowohl mittels Schleifen als auch mittels Laserbehandlung - die Klebfestigkeit gegenüber einer unbehandelten Probe steigern lässt. Die höchste Festigkeit wird dabei mit einer Fluenz (Energiedichte) erreicht, die nach Ansicht der Autoren in einem Bereich liegt, dass Kontaminationen auf der Oberfläche entfernt werden, allerdings noch keine Zerstörung an den Fasern vorliegt. Ebenfalls in der Abbildung erkennbar ist die Einstellbarkeit des Versagensmechanismus'. So tritt bei der Probe mit 600 mJ cm^{-1}, 50 Hz und 2 Pulsen ein rein kohäsives Versagen auf (CF), bei anderen Proben teils ein adhäsives Versagen (AF) oder ein Substratversagen (CSF).

Eine Einschränkung des Einsatzes von Excimerlasern ergibt sich aus der Wellenlänge, welche nicht durch Lichtleitfasern geführt werden kann [46]. Dies macht die Integration in flexible Produktionsumgebungen, insbesondere auf Basis von Robotern, schwierig.

3.2.2 IR-A Laser

Im Bereich der IR-A Laser (780 nm $< \lambda <$ 1400 nm) sind vor allem die Festkörperlaser auf Basis von Ytterbium und Neodym weit verbreitet und sowohl als Dauerstrichlaser wie auch als gepulste Laser in einem großen Bereich an Leistungsklassen verfügbar. Ein wesentlicher Vorteil der emittierten Wellenlängen von 1,03 µm bzw. 1,06 µm liegt in der Möglichkeit, die Laserstrahlung durch Lichtleitfasern zu führen. Dies macht insbesondere eine Integration in Robotersysteme sehr gut möglich. Wie in Abbildung 3.4 ersichtlich ist, liegt allerdings bei Wellenlängen um 1000 nm für Epoxidharz nur eine sehr niedrige Absorption im Bereich weniger Prozent vor. So erfolgt die Absorption der Laserstrahlung im Wesentlichen durch die Kohlenstofffasern [52].

Aufgrund der großen Verbreitung von Festkörperlasern wurde der Einsatz dieses Lasertyps zur Klebflächenvorbereitung von CFK in einer Vielzahl von Studien untersucht. Einen ersten wesentlichen Aspekt bei dem Einsatz von Festkörperlasern stellt die Definition der Belichtungsstrategie dar. Da - wie zuvor erläutert - keine direkte Bearbeitung des Epoxidharzes möglich ist, sonder die Absorption durch die Kohlenstofffasern erfolgt, beeinflusst das Zusammenspiel aus der Orientierung der Laserbewegung und der Faserausrichtung die Temperaturverteilung im Material. Der Zusammenhang zwischen Belichtungsstrategie und dem Bearbeitungsergebnis wurde bspw. in [53] und [54] untersucht. Abbildung 3.7 zeigt zwei mögliche Bearbeitungsrichtungen bei der Belichtung eines unidirektionalen Laminats. Erfolgt die Schraffur der Oberfläche mit einer Bewegungsrichtung des Lasers in Faserrichtung, so entsteht eine raue Oberfläche mit hochstehenden Faserenden. Eine Bewegung des Lasers quer zur Faserrichtung erzielt hingegen eine glatte Oberfläche. Werden bei der Bearbeitung alternierende Belichtungsrichtungen eingesetzt, so ist die letzte Belichtung für die resultierende Oberfläche entscheidend. [54]

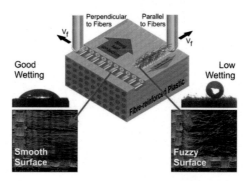

Abbildung 3.7: Einfluss der Bearbeitungsrichtung auf die Oberflächenqualität [54]

Dieser Effekt der Belichtungsrichtung wurde ebenfalls von Genna et al. [53] untersucht. Dabei wurde ein CFK-Gewebe mit thermoplastischer Matrix untersucht, wobei auch diese für die untersuchte Festkörperwellenlänge fast transparent ist. Abbildung 3.8 zeigt mögliche Belichtungsmuster bei der Bearbeitung eines Gewebes. Links dargestellt erfolgt die Belichtung parallel zu den Kett- bzw. Schussfäden, mittig dargestellt erfolgt die Bearbeitung in 45° dazu und rechts dargestellt erfolgt die Bearbeitung in ±45° zu den Kett- bzw. Schussfäden. Dabei zeigte sich, dass bei der links dargestellten Variante die Fasern, die parallel zur Bewegungsrichtung des

Laserstrahls ausgerichtet sind, bei der Bearbeitung geschädigt werden. Die Autoren erklären dies durch die erhöhte Wärmeleitung in Faserrichtung und ein daraus
resultierendes Aufheizen des Materials, was wiederum dazu führt, dass die zur Schädigung der Faser notwendige Energie abnimmt. Bei den Fasern, die im Winkel von
90° überfahren werden, tritt dieses Phänomen nicht auf. Dieses Ergebnis deckt sich
mit den zuvor angesprochenen Resultaten in [54], die eine Bearbeitung quer zur
Faserrichtung empfehlen. Genna et al. schlussfolgern daher, dass die Bearbeitung
des Gewebes mit der in Abbildung 3.8 mittig oder rechts dargestellten Strategie
erfolgen sollte, da so eine vorteilhaftere thermische Situation erreicht wird.

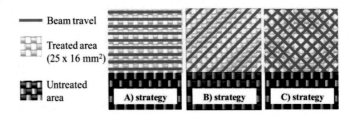

Abbildung 3.8: Schematische Darstellung der Scanstrategien [53]

Hinsichtlich des Einsatzes von Festkörperlasern zur Klebflächenvorbereitung konnte
in verschiedenen Studien gezeigt werden, dass die Festigkeit und der Versagensmechanismus einer geklebten Verbindung eingestellt werden können. So waren bspw.
Schmutzler et al. [55] in der Lage, durch eine Oberflächenvorbereitung mittels eines
Nanosekunden-gepulsten Nd:YAG Lasers bei der Reparatur die Ausgangsfestigkeit
des Laminats wiederherzustellen (Abbildung 3.9, LP3). Die mechanische Prüfung
erfolgte dabei nach DIN EN 6066. Die Autoren attribuierten das Ergebnis einer
Oxidation der Fasern bei der Laserbearbeitung, welche eine verbesserte Benetz-
barkeit und die Ausbildung kovalenter Bindungen zwischen Fasern und Klebstoff
ermöglicht.

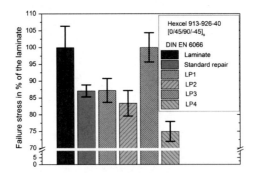

Abbildung 3.9: Versagensspannung in % der Festigkeit des Ausgangslaminats, dargestellt für verschiedene Laseraktivierungen, eine Standardreparatur
und ein Laminat ohne Reparatur [55]

Auch Li et al. [56] konnten bei dem Einsatz eines Nanosekunden-gepulsten Nd:YAG Lasers eine Verbesserung der Klebfestigkeit im Zugscherversuch gegenüber mechanisch bearbeiteten Proben feststellen. Insbesondere zeigte sich ein Wechsel von adhäsivem Versagen bei der mechanischen Bearbeitung hin zu einem reinen kohäsiven Versagen bei den laserbearbeiteten Proben.

Neben den Oberflächenuntersuchungen hinsichtlich Faserfreilegung, Oberflächenenergie oder den mechanischen Festigkeiten der resultierenden Klebverbindungen ist insbesondere bei IR-A Lasern die Tiefenwirkung des Prozesses ein wichtiger Faktor. Dies wurde in kürzlich veröffentlichen Studien bspw. von Reitz et al. [57] untersucht. Die Autoren betrachteten das Beispiel einer CFK-Aluminium-Verbindung, allerdings lag auch in dieser Untersuchung der Fokus auf der Laserbearbeitung der CFK Oberfläche zur Klebflächenvorbereitung. Die Autoren trennten mittels fokussierter Ionenstrahlung (FIB) laserbearbeitete und in Harz eingebettete Proben und konnten so die in Abbildung 3.10 dargestellten Querschnitte zur Betrachtung der Tiefenwirkung erstellen. Es zeigt sich, dass bei der Bearbeitung mittels Festkörperlaser (IR1 / IR2) Ablösungen der Matrix an den Fasern entstehen können. Der Grund liegt nach Auffassung der Autoren in der hohen Transparenz der Epoxidmatrix für die betrachtete Wellenlänge. Diese führt dazu, dass die Energie von den Fasern aufgenommen wird und es über ein Aufheizen der Fasern zu einer Sublimation des umliegenden Materials kommt, wodurch schlussendlich die dargestellten Hohlräume entstehen.

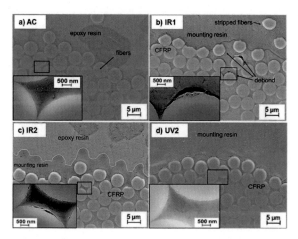

Abbildung 3.10: REM Aufnahmen von unbehandeltem (a) und laservorbehandeltem (b-d) CFK [57]

3.2.3 IR-C Laser

Für Wellenlängen der IR-C Laser ($3000\,\mathrm{nm} < \lambda < 50\,000\,\mathrm{nm}$) oberhalb der weit verbreiteten Festkörperlaserwellenlänge von ca. $1000\,\mathrm{nm}$ nimmt die Absorption, wie in Abbildung 3.4 gezeigt, wieder deutlich zu. Dies ermöglicht es der Theorie nach, dass vergleichbar zu UV Lasern eine direkte Bearbeitung des Epoxidharzes erfolgen kann.

Im Bereich von 3 µm Wellenlänge liegt ein erstes lokales Maximum im Absorptionsspektrum von Epoxidharz. Diese Wellenlänge wurde zur Klebflächenvorbereitung von Blass et al. [44] mit Hilfe eines Nanosekunden-gepulsten Festkörperlasers untersucht, dessen Strahlung mittels Frequenzumwandlung auf eine Wellenlänge von 3 µm verändert wurde. Der wesentliche Vorteil eines Lasers dieser Wellenlänge gegenüber UV Lasern liegt darin, dass es durch die Strahlung der Letzteren zu Degradationen der Systemkomponenten und somit zu hohem Wartungsaufwand kommt. Gegenüber CO_2 Lasern, welche mit einer Wellenlänge von 10,6 µm ebenfalls über eine gute Absorption in Epoxidharz verfügen, lassen sich Laser mit 3 µm Wellenlänge durch Fasern führen, was eine Integration in Fertigungssysteme deutlich vereinfacht. Zudem ist durch die kleinere Wellenlänge die Photonenenergie größer, was niedrigere Intensitäten für die Bearbeitung im Vergleich mit CO_2 Lasern erlaubt. [44]

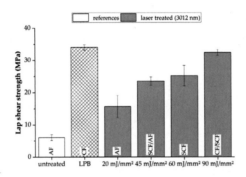

Abbildung 3.11: Ergebnisse des Zugscherversuchs für verschieden vorbehandelte Proben [44]

Abbildung 3.11 zeigt ein Ergebnis der Untersuchung von Blass et al., in der mit verschiedene Flächenenergien Zugscherproben bearbeitet und mechanisch geprüft wurden. Als Referenz diente dazu eine mittels Niederdruckstrahlen vorbehandelte Probe (LPB). Es ist in der Abbildung deutlich zu erkennen, dass sich über die Flächenenergie zum einen die Versagenslast, zum anderen auch die Versagensart einstellen lässt.

Als sehr verbreitete Laserstrahlquelle existiert im Bereich von IR-C zudem der bereits angesprochene CO_2 Laser mit 10,6 µm Wellenlänge. Als Gegenentwurf zu den bisher dargestellten gepulsten Lasern, welche zur Klebflächenvorbereitung genutzt wurden, haben Nattapat et al. [58] kontinuierliche CO_2 Strahlquellen niedriger Leistung untersucht, da diese lt. den Autoren deutlich günstiger als Kurzpulslaser sind. Ziel dabei war es, die oberste Lage Epoxidharz zu entfernen, ohne die Fasern zu schädigen. Für die Untersuchung wurde ein 60 W Laser und sowie ein CFK-Gewebe aus der Luftfahrt eingesetzt. Es gelang den Autoren, die Fasern der obersten Lage mit 14 W Laserleistung freizulegen, ohne diese dabei zu schädigen. Zur Charakterisierung der mechanischen Eigenschaften wurden anschließend Zugscherversuche durchgeführt, deren Ergebnisse in Abbildung 3.12 dargestellt sind. Als Vergleich dienten unbehandelte sowie chemisch bzw. mechanisch vorbehandelte Proben. Es zeigte sich, dass die Laservorbehandlung mittels CO_2 Laser zu den höchsten Zugscherfestigkeiten der betrachteten Verfahren führte.

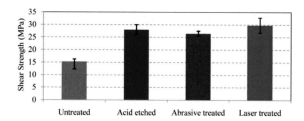

Abbildung 3.12: Effekt der Oberflächenbearbeitung auf die Scherfestigkeit der Klebung [58]

4 Forschungsbedarf und Entwicklungsstrategie

Im folgenden Kapitel werden zunächst aus dem Stand der Technik Forschungsbedarfe in mehreren Handlungsfeldern abgeleitet. Aus diesen Forschungsbedarfen wird die Zielstellung der vorliegenden Arbeit hergeleitet und die zur Erreichung des Ziels notwendige Strategie - bestehend aus Methodik und technologischer Umsetzung - entwickelt.

4.1 Ableitung des Forschungsbedarfs

Das letzte Kapitel zeigt, dass bereits verschiedene Aspekte zur Klebflächenvorbereitung von CFK in wissenschaftlichen Studien betrachtet worden sind. Dabei zeigen sowohl die laserbasierten wie auch nicht-laserbasierte Verfahren vielversprechende Möglichkeiten zur Klebflächenvorbereitung von CFK. Aufgrund der hervorragenden Eigenschaften des Lasers hinsichtlich Flexibilität, Automatisierbarkeit und Integrierbarkeit in Produktionsumgebungen wird im Rahmen dieser Arbeit die laserbasierte Klebflächenvorbereitung von CFK betrachtet.

In den in Kapitel 3 untersuchten Studien sind die Untersuchungsmethoden oft inkonsistent, was eine Vergleichbarkeit und Bewertung der Ergebnisse nur schwer möglich macht. Im Folgenden werden verschiedene Aspekte bisheriger Arbeiten dargestellt, die bisher keine oder zu wenig Beachtung gefunden haben und eine weitere Untersuchung benötigen.

- **Beschreibung des Laserprozesses**
  Die Beschreibung der Laserprozesse erfolgt geometrieunabhängig teilweise durch einzelne Laserparameter oder auch durch berechnete Größen wie bspw. die Flächenenergie. Problematisch an letzterer ist, dass ein Vergleich zwischen verschiedenen Lasersystemen kaum möglich ist, da neben der Energie vor allem auch die Wellenlänge und die Pulsdauer (für gepulste Systeme) wesentlich die Laser-Material-Wechselwirkung charakterisieren. Aber auch eine vollständige Beschreibung über die Prozess- und Systemparameter kann oft nicht alle Eigenschaften des Prozesses abbilden, da häufig bspw. geometrieabhängige Prozesseffekte auftreten.

- **Optische Charakterisierung**
  Bei vielen der zuvor dargestellten Untersuchungen erfolgt die optische Bewertung der Oberflächenbearbeitung mittels Rasterelektronenmikroskopie. Diese liefert zwar sehr detaillierte Bilder der Oberfläche und erlaubt die Untersuchung freigelegter Fasern auf Beschädigungen, allerdings ist so keine Untersuchung von dreidimensionalen Prozesseffekten möglich. Dies bedeutet, dass

weder Schädigungen in der Tiefe des Materials noch hochstehende Fasern ausgewertet werden können. Lediglich einzelne Untersuchungen wie bspw. Reitz
et al. [57] nutzen Methoden wie fokussierte Ionenstrahlung um auch die Tiefenwirkung zu untersuchen. Zudem erfolgt die Untersuchung oftmals ohne er-
kennbare Messsystematik.

- **Mechanische Charakterisierung**
  Von vielen Studien wird der Zugscherversuch als mechanisches Prüfverfahren
  eingesetzt. Im Kontext der Reparatur, welcher im Rahmen dieser Arbeit verfolgt wird und der auch in vielen dieser Untersuchungen gegeben ist, stellt die
  Geometrie des Zugscherversuches jedoch keinen anwendungsrelevanten Lastfall dar. Wie bspw. von Katnam et al. [27] dargestellt, bietet die geschäftete
  Reparatur durch gute mechanische sowie aerodynamische Eigenschaften ein
  größeres Potential und sollte somit auch bei der Betrachtung der mechanischen Eigenschaften zugrunde gelegt werden.

Aus dieser kritischen Betrachtung bisheriger Untersuchungen ergeben sich folgende
Forschungsbedarfe:

- **F1: Prozessbeschreibung und Prozessstrategie**
  Die klassische Beschreibung der Laserprozesse durch Laserparameter führt zu
  einer großen Zahl an Freiheitsgraden bei der Prozessentwicklung. Gleichzeitig
  ist durch klassischerweise betrachtete Größen wie Fluenz oder Intensität keine Beschreibung des transienten thermischen Verhaltens des Prozesses oder
  auch geometrieabhängiger Prozesseffekte möglich. Da diese nicht beschrieben
  werden, ist auch keine gezielte Steuerung dieser Effekte möglich. Aus diesem
  Grund soll eine neue Art der Prozessbeschreibung und der Prozessstrategie
  entwickelt werden, welche thermische Betrachtungen des Prozesses und eine
  angepasste Prozesssteuerung ermöglicht.

- **F2: Evaluierung der optischen Charakterisierung**
  Die bisher als Standard geltende optische Untersuchung mittels Rasterelektronenmikroskop soll hinsichtlich ihrer Aussagekraft untersucht und mit anderen
  optischen Messverfahren verglichen werden.

- **F3: Anpassung der mechanischen Prüfung**
  Für die mechanische Prüfung zur Untersuchung des Prozessergebnisses soll
  ein repräsentativer Lastfall gewählt werden, sodass die Prüfung so nah wie
  möglich an einem späteren Einsatz des Prozesses zur Reparatur kohlenstofffaserverstärkter Kunststoffe ist.

4.2 Ziel der Arbeit

Das Ziel der vorliegenden Arbeit ist die Entwicklung eines Laserprozesses für die
Klebflächenvorbereitung zur Reparatur kohlenstofffaserverstärkter Kunststoffe in
der Luftfahrt. Durch die Entwicklung innovativer Methoden zur Beschreibung und

Steuerung von Laserprozessen soll die Sicherstellung einer qualitativ hochwerti-
gen und reproduzierbaren Klebverbindung ermöglicht und das Prozessverständnis
erhöht werden. Auf diesem Weg sollen durch die Ergebnisse dieser Arbeit notwendige Schritte in Richtung einer zertifizierbaren strukturellen Klebreparatur in der
Luftfahrt unternommen werden, welche ohne die heute zulassungsbedingt vorge-
schriebenen mechanischen Verbindungselemente auskommt.

Den Kontext für die im Rahmen der vorliegenden Arbeit untersuchte Klebflächenvorbereitung bildet dabei die folgende Prozesskette: Nach der Detektion eines Scha-
dens und der Ableitung einer angepassten Reparaturstrategie wird die beschädigte
Stelle des Bauteils zunächst durch einen Fräsprozess geschäftet und so der beschädigte Bereich entfernt. Im Anschluss soll die gefräste Oberfläche mit dem zu
entwickelnden Laserprozess vorbehandelt werden. Darauf folgend wird ein Reparaturlaminat mit Hilfe eines Klebfilms in den geschäfteten Bereich eingeklebt, um
die Ursprungsgeometrie und die Festigkeit des Bauteils wiederherzustellen.

Um eine zukünftige Zertifizierung zu ermöglichen und diese Prozesskette für strukturelle Reparaturen von Luftfahrtbauteilen nutzten zu können, müssen auf allen
Stufen der Prozesskette notwendige Qualitätsniveaus erreicht werden. Dabei muss
auch das Ergebnis der Klebreparatur eine gleichmäßig hohe und reproduzierbare
Qualität aufweisen, d.h. insbesondere mit einem definierten Mechanismus und bei
einer definierten Belastung versagen. Um dies zu erreichen, muss speziell der Ober-
flächenvorbereitungsprozess ein gleichmäßiges Prozessergebnis liefern. Dafür bedarf
es einer an das Material und die Anlagentechnik angepassten Prozessstrategie. Die
Forschungshypothese dieser Arbeit lautet daher:

*Durch eine geeignete Prozessstrategie für die laserbasierte Klebflächenvorbereitung
lassen sich die Fasern des kohlenstofffaserverstärkten Kunststoffs gleichmäßig ak-
tivieren und so die Eigenschaften einer geklebten Verbindung hinsichtlich Versagensart und -last einstellen.*

Dabei wird in dieser Arbeit eine Aktivierung folgendermaßen definiert:

- Freilegung der Fasern

- Reinigung der Oberfläche

- Anlagerung funktioneller Gruppen an die Fasern

Die einzelnen Aspekte der Aktivierung zielen auf eine Verbesserung der Adhäsion zwischen Ursprungslaminat und Klebfilm. Durch die Freilegung der Fasern soll
zum einen die wirksame Oberfläche vergrößert werden und zum anderen durch
das so ermöglichte Umschließen der Fasern durch den Klebfilm die mechanische
Adhäsion verbessert werden. Die Reinigung der Oberfläche dient dem Entfernen
möglicher Kontaminationen, die während oder nach dem Fräsprozess auf die Klebfläche gelangt sind. Der letzte Aspekt der Aktivierung zielt darauf ab, dass das
Kohlenstoffgitter der Fasern durch die zugeführte Energie aufgebrochen wird und
sich funktionelle Gruppen an das Gitter anlagern. Diese wiederum sollen kovalente
Bindungen mit dem Klebstoff eingehen und so die Adhäsion maßgeblich verbessern.

Bei der Untersuchung der entwickelten Forschungshypothese werden die im letzten Abschnitt abgeleiteten Forschungsbedarfe als notwendige Entwicklungsschritte betrachtet und insbesondere die Herleitung einer Prozessstrategie - bestehend aus der thermischen Beschreibung und angepassten Steuerung des Laserprozesses - als zentrales Entwicklungsziel formuliert. Auf diese Weise soll das Ziel eines stabilen Laserprozesses für die Klebflächenvorbereitung zur Reparatur kohlenstofffaserverstärkter Kunststoffe in der Luftfahrt erreicht werden.

4.3 Entwicklungsstrategie

Zur Erreichung des im letzten Abschnitt formulierten Entwicklungsziels wird die im Folgenden dargestellte Entwicklungsstrategie definiert. Diese setzt sich zum einen zusammen aus dem methodischen Vorgehen, welches den Entwicklungspfad beschreibt, und zum anderen aus dem für die Umsetzung des Vorgehens eingesetzten Material sowie der Anlagentechnik.

4.3.1 Methodisches Vorgehen

Die Entwicklungsstrategie der vorliegenden Arbeit basiert auf zwei wesentlichen Entwicklungssträngen. Dabei handelt es sich zum einen um eine empirische Prozessentwicklung, zum anderen um eine numerische Simulation des Laserprozesses. Durch dieses zweistufige Vorgehen ist sichergestellt, dass einfache Testgeometrien auf Labormaßstab detailliert untersucht werden können, darüber hinaus aber auch eine schnelle Übertragbarkeit der Ergebnisse auf anwendungsrelevante Geometrien ermöglicht wird. Die Abbildung 4.1 stellt das Vorgehen dar.

Im empirischen Teil der Prozessentwicklung erfolgt die Entwicklung eines thermischen Prozessmodells zur Homogenisierung der Prozesstemperatur auf Basis von Thermographiemessungen. Dieses Prozessmodell dient zur Sicherstellung eines homogenen Bearbeitungsergebnisses und erlaubt die Eingrenzung des Parameterraums des im Folgenden entwickelten Versuchsplans für einfache Probengeometrien. Die Ergebnisse der aus dem Versuchsplan resultierenden Experimente werden hinsichtlich ihrer optischen, chemischen und mechanischen Eigenschaften charakterisiert und so der Prozess sowohl auf der Ebene des Bearbeitungsergebnisses als auch auf der Ebene des Ergebnisses des Fügeprozesses bewertet. An dieser Stelle wird ebenfalls die Leistungsfähigkeit der Charakterisierungsmethoden betrachtet.

Zur Übertragung des Laserprozesses auf komplexere Geometrien wird im zweiten Teil der vorliegenden Arbeit eine numerische Simulation des Prozesses durchgeführt. Dabei steht die thermische Simulation des Laserprozesses im Vordergrund. Dieses Vorgehen erlaubt es, den Prozess auf beliebige Geometrien zu übertragen und eine angepasste Prozessstrategie abzuleiten, welche auch für komplexere Geometrien ein homogenes Bearbeitungsergebnis sicherstellt. So lässt sich der entwickelte Prozess von der Ebene der Testkörper, wie sie im Rahmen der empirischen

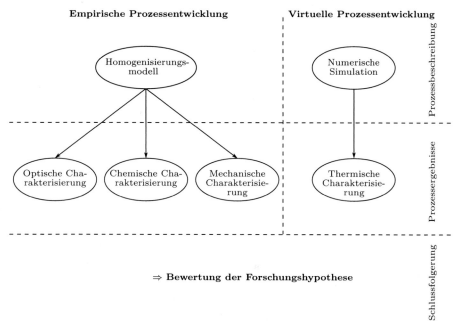

Abbildung 4.1: Methodik zur Prozessentwicklung

Prozessentwicklung genutzt werden, auf reale Geometrien transferieren. Darüber hinaus erlaubt die Simulation eine einfachere Übertragung der Ergebnisse auf andere Materialsysteme und ermöglicht Detailuntersuchungen, die nur mit großem Versuchsaufwand in Experimenten umsetzbar wären.

Nachdem die Prozessentwicklung abgeschlossen ist, erfolgt eine Bewertung der Forschungshypothese und der Erfüllung des Entwicklungsziels. Abschließend wird die Übertragbarkeit der entwickelten Ergebnisse in die industrielle Anwendung untersucht.

4.3.2 Material und Anlagentechnik

Im folgenden Abschnitt wird das verwendete Material sowie die zur Laserbearbeitung eingesetzte Systemtechnik beschrieben.

Material

Bei dem im Rahmen der vorliegenden Arbeit verwendeten Material für das Primärlaminat handelt es sich um das *Prepreg* mit der Bezeichnung HexPly® M21/34%/UD194/T800S-24K der Firma Hexcel[1], welches in der Luftfahrt eingesetzt wird und über eine duroplastische Epoxidmatrix verfügt. Als Reparatur-

---

[1]Hexcel Corporation, 281 Tresser Blvd., Stamford, CT 06901, USA

laminat wird das *Prepreg* mit der Bezeichnung M20/34%/UD194/IM7 der Firma
Hexcel eingesetzt.

Als Adhäsiv zum Fügen des Primärlaminats mit dem Reparaturlaminat wird der
Klebfilm FM® 300-2M der Firma Cytec[2] verwendet. Dabei handelt es sich um einen
Klebstoff, der speziell für *Co-Curing* Prozesse im Bereich der Verbundwerkstoffe
geeignet ist.

Anlagentechnik

Die laserbasierte Oberflächenaktivierung wird an einer 5-Achs Werkzeugmaschine
der Firma EWAG durchgeführt, in die ein Laserscanner, ein Fokussiersystem (3D
Erweiterung), eine Thermokamera sowie ein Dioden-gepumpter Ytterbium Faserlaser integriert sind. Abbildung 4.2 zeigt die Werkzeugmaschine (links) sowie den
Bearbeitungsraum (rechts unten). Im Bearbeitungsraum sind der Laserscanner mit
einer f-θ-Linse (schwarz) und die Thermokamera (orange) zu erkennen. Die 3D Erweiterung befindet sich hinter dem Scanner im Strahlengang des Lasers und dient
zur Verschiebung der Fokuslage bei der Bearbeitung gekrümmter Bauteiloberflä-
chen. Die Absaugung der Prozessemissionen erfolgt über einen Industriesauger der
Firma RUWAC (oben rechts), der mit verschiedenen Filterstufen bis zu Staubklasse
H sowie einem Aktivkohlefilter ausgestattet ist.

Abbildung 4.2: Anlagentechnik für die Laseraktivierung

Als Strahlquelle wird ein Faserlaser ausgewählt, um eine möglichst effiziente, wirtschaftliche und flexible spätere Industrialisierung zu ermöglichen. Dies wird durch
den für Faserlaser typischen hohen Wirkungsgrad, die Führung der Strahlung durch
eine Lichtleitfaser sowie die sehr kompakte Bauweise sichergestellt. Da vorherige
Untersuchungen wie bspw. [55] erfolgreich Laser im Nanosekunden-Bereich eingesetzt haben, wird auch für die vorliegende Arbeit Nanosekunden-gepulster Laser
ausgewählt. Die führt zu Investitionskosten, die ca. eine Größenordnung niedriger

---

[2]Cytec Engineered Materials GmbH, Industriestraße 3, 76684 Östringen

sind als bei einem Pikosekunden-gepulsten Laser einer vergleichbaren Leistungs-klasse, sodass eine wirtschaftliche Umsetzung des Prozesses ermöglicht wird. Eine Integration der Strahlquelle kann durch die Bauform sowohl in einer Werkzeug-maschine als auch in einem roboterbasierten Maschinensystem erfolgen. Der aus-gewählte Faserlaser verfügt über eine maximale mittlere Leistung von 18 W und einer Wellenlänge von 1060 nm und kann mit Pulswiederholfrequenzen von 10 kHz bis 500 kHz betrieben werden. Die Abbildung 4.3 stellt die Strahlkaustik des Lasers dar.

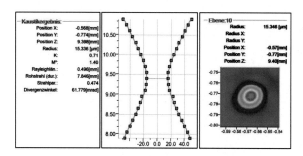

Abbildung 4.3: Strahlkaustik des verwendeten Faserlasers

Die genauen Hersteller- und Typbezeichnungen sind in Tabelle 4.1 dargestellt.

Tabelle 4.1: Liste der Anlagenkomponenten

	Bezeichnung	Typ	Hersteller
Werkzeug-maschine	5-Achs Werk-zeugmaschine	Konzept Line	EWAG AG
	Absaugung	Industriesauger Typ DS 1220	RUWAG In-dustriesauger GmbH
Laser-komponenten	Faserlaser	Nanosekunden-gepulst	IPG Photonics
	Laserscanner	hurryScan II 14	Scanlab AG
	3D Erweiterung	varioSCAN$_{de}$ 20i	Scanlab AG
Messtechnik	Thermokamera	EQUUS 81k M	IRCAM GmbH

5 Empirische Prozessentwicklung

Im folgenden Kapitel wird der erste wesentliche Entwicklungsstrang der Prozessentwicklung, wie in Abschnitt 4.3.1 beschrieben, dargestellt. Die empirische Prozessentwicklung verfolgt das Ziel, durch systematische Versuche den Zusammenhang zwischen Prozessparametern und Prozessergebnis zu bestimmen.

Im Rahmen der empirischen Prozessentwicklung wird zunächst ein thermisches Prozessmodell entwickelt, welches die wesentlichen Prozessparameter mit der Entwicklung der Prozesstemperatur verknüpft und so eine neuartige Prozessbeschreibung erlaubt. Auf Basis dieses Modells wird ein Versuchsplan entwickelt und die daraus resultierenden Ergebnisse mittels verschiedener Charakterisierungsverfahren analysiert.

Die vorliegende Arbeit entstand im Rahmen eines Verbundprojektes mit der Lufthansa Technik AG (LHT) sowie dem Institut für Kunststoffe und Verbundwerkstoff (PC) der Technischen Universität Hamburg. Die Herstellung aller im Rahmen der Arbeit verwendeten Laminate sowie die Verklebung und mechanische Prüfung der im Folgenden verwendeten Proben erfolgte durch PC, die Schäftung der Proben mittels Fräsen sowie die Bereitstellung der XPS Messungen durch LHT.

5.1 Entwicklung eines Modells zur Homogenisierung der Prozesstemperatur

Die Laserbearbeitung von Materialien mit gepulster Laserstrahlung wird typischerweise durch Parameter wie Pulsenergie, Pulswiederholfrequenz, Pulsabstand, Scangeschwindigkeit oder Spurabstand beschrieben und das Bearbeitungsergebnis hinsichtlich charakteristischer Größen wie bspw. Abtragrate, Abtrag pro Schicht, Prozesseffizienz oder Oberflächenrauheit bewertet. Dieses Vorgehen stellt für die meisten Anwendungen auch einen praktikablen Ansatz dar, da die Prozessentwicklung nah an der späteren Anwendung erfolgt und nach abgeschlossener Entwicklung diese auch nicht stark verändert wird. Ein Aspekt, der durch die klassische Prozessbeschreibung jedoch nicht erfasst wird, ist die thermische Veränderung der Prozessbedingungen während der Bearbeitung. So kann es bspw. zu der in Abbildung 5.1 rot dargestellten Erhöhung der Prozesstemperatur kommen, wenn dem Material zwischen zwei nacheinander folgenden Pulsen nicht ausreichend Zeit zum Abkühlen zur Verfügung steht. Dieses in diesem Fall mikroskopische Phänomen ist auch aus makroskopischen Anwendungen wie dem Laserstrahltrennen von CFK bekannt. Dort wird die Temperatur im Material unter anderem über Muli-Pass Strategien mit variablen Pausenzeiten zwischen den Belichtungen kontrolliert, wie bspw. durch Oberlander et al. [59] untersucht wurde.

© Der/die Herausgeber bzw. der/die Autor(en), exklusiv lizenziert durch Springer-Verlag GmbH, DE, ein Teil von Springer Nature 2020
P. Thumann, *Laserbasierte Klebflächenvorbereitung für CFK Strukturbauteile*, Light Engineering für die Praxis,
https://doi.org/10.1007/978-3-662-62241-4_5

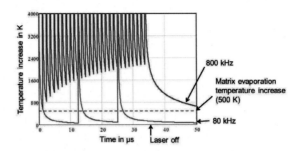

Abbildung 5.1: Berechnete Wärmeakkumulation durch nacheinander folgende Pulse
[60]

Die Signifikanz des Themas der Wärmeakkumulation resultiert - gerade für temperatursensible Materialien wie CFK - daraus, dass sich durch die Wärmeakkumulation die Prozessergebnisse verändern können. So kann bspw. in einem Teil des bearbeiteten Bereichs die Temperatur im Material so weit ansteigen, dass es zu Schäden kommt, wohingegen diese am Anfang der Bearbeitung nicht auftreten. Zudem führt die Wärmeakkumulation dazu, dass der Prozess geometrieabhängig ist. Es kann zum Beispiel beobachtet werden, dass - gerade für Prozesse, die nah an der Ablationsschwelle arbeiten - eine Kombination an Parametern zu einem anderen Ergebnis führt, wenn bspw. die Fläche der Bearbeitung verändert wird, oder wenn z.B. die Geometrie von einem Quadrat zu einem Dreieck geändert wird. Bei Letzterem kommt es durch die Verkürzung der Trajektorien in den Ecken zu einer zeitlichen Verkürzung des Abstandes zwischen zwei benachbarten Trajektorien, sodass die Zeit zum Abkühlen verkürzt wird und die Temperatur im Material ansteigt. Dies wiederum kann zu einem ungewollten Anstieg des Abtrags führen.

Besonders für den in der vorliegenden Arbeit betrachteten Prozess zur Klebflächenvorbereitung spielt die Temperatur eine wesentliche Rolle. Dies resultiert aus der Definition der Aktivierung, die das Freilegen der Fasern, die Reinigung der Oberfläche sowie die Anlagerung chemischer Gruppen umfasst. Für alle Teilaspekte der Aktivierung ist eine gewisse Prozesstemperatur notwendig, um das Teilziel zu ermöglichen. Gleichzeitig muss sichergestellt sein, dass es zu keiner unzulässigen Temperaturüberhöhung kommt, welche zu einer Schädigung des Materials führen könnte.

Um den Anforderungen an das Temperaturniveau gerecht zu werden, soll daher eine neuartige Beschreibung des Laserprozesses entwickelt werden, die neben den klassischen Parametern auch die Entwicklung der Prozesstemperatur berücksichtigt. Es wird - basierend auf der zentralen Annahme, dass eine homogene Prozesstemperatur zu homogenen Prozessergebnissen führt - das Ziel verfolgt, über die gesamte Bearbeitung hinweg ein gleichmäßiges Temperaturniveau sicherzustellen. Dies wird im Folgenden als Homogenisierung der Prozesstemperatur bezeichnet. Dabei werden zunächst Rechteckgeometrien betrachtet und die Hypothese untersucht, dass für diese einfachen Geometrien ein einfaches Modell für den Zusammenhang zwischen Prozessparametern und der Entwicklung der Prozesstemperatur existiert.

5.1.1 Methodisches Vorgehen

Die wesentlichen Fragestellungen zur Entwicklung des im vorherigen Abschnitt adressierten thermischen Prozessmodells sind die Messung der Prozesstemperatur sowie die Art der Prozessmodellierung.

Zur Messung der transienten Prozesstemperatur wird die Thermographie eingesetzt. Bei der Thermographie handelt es sich um ein bildgebendes Messverfahren, welches die von einem Körper ausgehende Wärmestrahlung als zweidimensionales Bild repräsentiert. Das Funktionsprinzip beruht darauf, dass ein Raster an Sensoren die einfallende Strahlung aufnimmt und in ein elektrisches Signal umwandelt. [61, S. 260f.] Für die Messung wird die in Unterabschnitt 4.3.2 genannte Thermokamera eingesetzt. Diese verfügt mit einer räumlichen Auflösung von ca. 100 µm in der durch die Maschine gegebenen Einbausituation und mit einer Bildrate von bis zu 5000 Bildern pro Sekunde über die Möglichkeiten, auch hochdynamische Laserprozesse zur Mikrobearbeitung aufzunehmen. Als Messwert für jedes Pixel liefert die Thermokamera die Zählrate Z in [1/s], welche ein Maß für die aufgenommene Strahlungsintensität innerhalb einer definierten Integrationszeit ist. Bei der Auswertung der Thermographieaufnahmen werden oft nicht nur einzelne Pixelwerte, sondern Messwerte ganzer Bereiche und insbesondere deren Mittelwerte, untersucht. Diese Bereiche werden im Folgenden als *Region of Interest* oder ROI bezeichnet.

Auf Basis der mittels Thermographie ermittelten Daten soll anschließend ein Modell entwickelt werden, welches den Zusammenhang zwischen Prozessparametern und der Entwicklung der Prozesstemperatur beschreibt. Als Mittel zur Modellerstellung wird die lineare Regression gewählt. Diese stellt die Zielvariable in Abhängigkeit von Kovariablen dar [62, S. 19], ohne dabei die Kausalität der Zusammenhänge zu betrachten. Für die im Rahmen dieses Kapitels betrachteten einfachen Geometrien wird dieser Ansatz einer Black-Box Modellierung als ausreichend angenommen und erlaubt eine wesentlich effizientere Modellierung als ein volles analytisches oder numerisches Modell, welches die physikalischen Zusammenhänge erfasst.

Bei der Modellierung erfolgt die Betrachtung direkt auf der Ebene der gemessenen Zählrate Z, nicht auf der Ebene einer Temperatur ϑ. Dies erspart zum einen die stets fehlerbehaftete Kalibrierung, zum anderen verschärft es die Anforderungen an das Modell, da aufgrund des Stefan-Boltzmann-Gesetztes [63, S. 173]

$$\dot{e}_s = \sigma \vartheta^4 \tag{5.1}$$

kleine Änderungen der Temperatur große Änderungen in der Wärmestrahlung und damit dem Messwert der Thermokamera hervorrufen. Erfolgt somit eine Homogenisierung der Prozesstemperatur auf der Ebene der Zählrate, stellt dies einen konservativeren Ansatz gegenüber einer Homogenisierung auf der Ebene der Temperatur dar.

Die Formulierung des Regressionsmodells erfolgt mit der Zielvariablen ΔZ, welche die Änderung der Zählrate zwischen Anfang und Ende der Bearbeitung beschreibt. Die Formulierung erfolgt an dieser Stelle als ΔZ und nicht als absoluter Wert Z, da eine homogene Prozesstemperatur über den gesamten Prozess erreicht werden soll. Somit ist die Veränderung des Prozesstemperaturniveaus während der Bearbeitung die wesentliche und zu kontrollierende Betrachtungsgröße. Darüber hinaus wäre eine Formulierung mit der Zielvariablen Z auch deshalb nachteilig, da der Messwert der Thermokamera sehr empfindlich gegenüber kleinsten Änderungen in dem Messaufbau ist, sodass die Formulierung in der gewählten Art ein robusteres Modell zur Beantwortung der untersuchten Fragestellung darstellt.

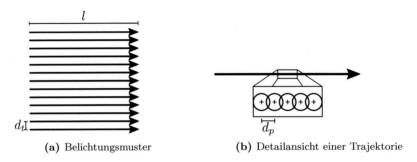

(a) Belichtungsmuster   (b) Detailansicht einer Trajektorie

Abbildung 5.2: Belichtungsmuster der Aktivierung

Die Laserbearbeitung der im Folgenden betrachteten Rechteckgeometrien erfolgt entsprechend der in Abb. 5.2 dargestellten Belichtungsstrategie, die typisch für die Oberflächenbearbeitung von Materialien mit gepulsten Lasern ist: Ein rechteckiges Feld wird mit parallelen Trajektorien der Länge l und dem Spurabstand d_t schraffiert. Dabei steuert der Scanner den Laser mit der Geschwindigkeit v_s über die Oberfläche. Mit der Pulswiederholfrequenz des Lasers f ergibt sich daraus der Pulsabstand d_p.

Bei der Analyse der Abbildung fällt auf, dass zwei getrennte Phänomene betrachtet werden müssen. Zum einen muss die Temperaturentwicklung entlang einer Trajektorie betrachtet werden, zum anderen muss die Temperaturentwicklung in Schraffurrichtung, d.h. quer zur Scanrichtung betrachtet werden. Bei der Betrachtung der Temperaturentwicklung in Scanrichtung muss sichergestellt werden, dass es durch die nacheinander folgenden Pulse nicht zu einer Temperaturerhöhung kommt. Zur Verdeutlichung kann die von Weber et al. in Abbildung 5.3 dargestellte Wärmeverteilung im Material für verschiedene Zeiten nach der Belichtung betrachtet werden.

Während der Abkühlphase nach einem Laserpuls nimmt die Maximaltemperatur ab und die Energie in Form von Wärme verteilt sich entsprechend der Wärmeleitfähigkeiten im Material. Wenn nun der folgende Laserpuls auf das Material trifft,

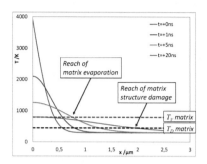

Abbildung 5.3: Entwicklung der Wärmewelle für verschiedene Zeiten während der Abkühlphase [64]

hängt die Veränderung der Maximaltemperatur von zwei Faktoren ab: 1.) Der Dauer zwischen zwei Laserpulsen (der zeitlichen Verzögerung) und 2.) dem räumlichen Abstand zwischen zwei Laserpulsen (der räumlichen Verzögerung). Die zeitliche Verzögerung zwischen zwei Pulsen ist durch den Kehrwert der Pulswiederholfrequenz f gegeben, die räumliche Verzögerung ergibt sich aus dem Quotienten von Scangeschwindigkeit v_s und Pulswiederholfrequenz f.

Sind sowohl zeitliche als auch räumliche Verzögerung in Scanrichtung so eingestellt, dass es zu keiner Wärmeakkumulation kommt, muss zudem sichergestellt werden, dass dies auch quer zur Scanrichtung der Fall ist. Liegen zwei Trajektorien zu nah nebeneinander oder sind zu kurz, kann es auch quer zur Scanrichtung passieren, dass die Belichtung eines Bereichs mit bereits erhöhter Temperatur erfolgt und es quer zur Scanrichtung zur Wärmeakkumulation kommt. In diesem Fall ist die räumliche Verzögerung durch den Spurabstand d_t gegeben, die zeitliche Verzögerung setzt sich aus der Trajektorienlänge l, der Scangeschwindigkeit v_s sowie der Positioniergeschwindigkeit v_{pos} des Scanners zusammen.

Aus den dargestellten Gründen müssen zwei getrennte thermische Prozessmodelle entwickelt werden: Ein Modell zur Entwicklung der Prozesstemperatur in Scanrichtung und ein Modell zur Entwicklung der Prozesstemperatur quer zur Scanrichtung. Dabei umfasst das Modell in Scanrichtung als Zielvariable die Zählratendifferenz $\Delta Z_{\parallel}$ zwischen Anfang und Ende einer Trajektorie und als Kovariablen die Pulsenergie E_p (da diese die Energiezufuhr definiert), die Pulswiederholfrequenz f sowie die Scangeschwindigkeit v_s. Eine Betrachtung des Pulsabstandes d_p als Kovariable ist nicht möglich, da dieser zwar häufig als beschreibende Größe eingesetzt wird, allerdings der gleiche Pulsabstand durch unendlich viele Kombinationen aus Pulswiederholfrequenz und Scangeschwindigkeit erzeugt werden kann und somit nicht eindeutig ist. Es müssen somit Pulswiederholfrequenz (die wie zuvor gezeigt für die Wärmeakkumulation entscheidend ist) und Scangeschwindigkeit als getrennte Kovariablen berücksichtigt werden. Das Modell quer zur Scanrichtung umfasst hingegen als Zielvariable die Zählratendifferenz $\Delta Z_{\perp}$ zwischen Anfang und Ende der Schraffur und als Kovariablen die Pulsenergie E_p, die Pulswiederholfrequenz f, den Spurabstand d_t sowie die Trajektorienlänge l. Die Positioniergeschwindigkeit des Scanners wird als konstant definiert und nicht betrachtet. Für beide Modelle wird ein multiples lineares Regressionsmodell (MLR-Modell) angesetzt, welches in allgemeiner Form durch

$$y_r = \beta_0 + \beta_1 x_1 + \beta_2 x_2 + \cdots + \beta_k x_k + \epsilon \qquad (5.2)$$

gegeben ist [62, S. 19]. Es wird erwartet, dass innerhalb des relevanten Prozessfensters, also zwischen einem leichten Freilegen der Fasern bis hin zu einer Schädigung der Fasern, die Änderungen der Zielgröße bei Änderungen der Eingangsgrößen im Vergleich zur Betrachtung des gesamten Prozessfensters klein sind und so die Linearisierung einen zulässigen Ansatz darstellt.

5.1.2 Homogenisierung der Prozesstemperatur in Scanrichtung

Als erstes Prozessmodell wird die Entwicklung der Prozesstemperatur in Scanrichtung betrachtet. Dazu wird eine einzelne Trajektorie mit verschiedenen Parametern belichtet und mittels Thermographie aufgenommen. Die Belichtung erfolgt dabei in Faserrichtung, da dies die Richtung höchster Wärmeleitung ist. Wenn über das Prozessmodell auf Basis dieser Konfiguration später die Wärmeakkumulation vermieden werden kann, gilt dies somit automatisch auch für alle anderen möglichen Ausrichtungen.

Als Probenmaterial kommt ein unidirektionales Laminat aus dem in Unterabschnitt 4.3.2 beschriebenen Primärlaminat zum Einsatz, welches vor der Bearbeitung angeschliffen wurde, um eine dem später eingesetzten Fräsen nachempfundene Oberfläche zu erzeugen und die Deckschicht aus Epoxidharz zu entfernen.

Zur Datenerhebung für die Erstellung des Prozessmodells wird eine einzelne Trajektorie mit 12 mm Länge belichtet. Dies wird systematisch für Pulsenergien von 10 % bis 70 % der maximalen Pulsenergie bei 100 kHz, 200 kHz und 300 kHz durchgeführt. Die verwendeten Grenzen der Pulsenergie haben sich im Rahmen von Vorversuchen als geeignet herausgestellt, um den Prozess zwischen einer kaum sichtbaren Bearbeitung und einer einsetzten Schädigung der Fasern einzustellen. Die Pulswiederholfrequenz wird innerhalb des typischen Einsatzbereiches des Lasers variiert. Für jede dieser Kombinationen wird die Scangeschwindigkeit zwischen 500 mm s^{-1} und 5000 mm s^{-1} variiert und der Prozess mit der nach Tabelle 5.1 eingestellten Thermokamera aufgenommen.

Zur Auswertung der Daten wird für jedes Einzelbild der Thermographieaufnahme die höchste gemessene Zählrate ausgelesen und die Differenz der Messwerte zwischen Start und Ende der Belichtung als Messwert für $\Delta Z_{\parallel}$ festgehalten. Bevor diese Daten für die Analyse verwendet werden, wird der Messdatenverlauf jeder Messung manuell auf Ausreißer überprüft. Liegt ein gleichmäßiger Verlauf der Messwerte vor, wird die Aufnahme für die Analyse verwendet. Liegt hingegen ein Ausreißen der

Tabelle 5.1: Einstellungen der Thermokamera (Prozessmodell in Scanrichtung)

Parameter	Wert	Einheit
Breite der Aufnahme	128	Pixel
Höhe der Aufnahme	32	Pixel
Integrationszeit	0.05	ms
Bildwiederholfrequenz	5000	1/s
Master Clock	10	-

Messung vor, welches gerade am Ende der einzelnen Belichtungen auftreten kann, wird die Messung verworfen. Ursächlich dafür können bspw. entstehende Sublimationsprodukte sein, die das Messergebnis unzulässig verzerren.

Die bereinigten Datenpunkte der Form

$$\mathbf{D}_{i,\|} = (\Delta Z_\|, E_p, f, v_s) \tag{5.3}$$

werden mittels der Software *SPSS Statistics* der Firma IBM ausgewertet. Der Stichprobenumfang beträgt nach der Bereinigung von Ausreißern $N = 47$. Es wird eine lineare Regressionsanalyse der Messdaten durchgeführt, wobei $\Delta Z_\|$ als Zielvariable und die übrigen Größen als Kovariablen dienen. Die Überprüfung des so berechneten MLR-Modells erfolgt auf Grundlage des in [65, S. 103ff.] dargestellten Vorgehens.

Prüfung des Gesamtmodells und der Regressionskoeffizienten

Zunächst wird das Ergebnis des berechneten Modells betrachtet. Es ergibt sich für das Regressionsmodell ein Bestimmtheitsmaß von $R^2 = 0,837$ und ein korrigiertes Bestimmtheitsmaß von $R^2_{korr} = 0,825$. Es können somit über 80% der Streuung durch das Regressionsmodell erklärt werden und der Ansatz eines linearen Modells kann als zielführend angesehen werden. Durch die vorangegangene Systembetrachtung ist zudem sichergestellt, dass alle wesentlichen Einflussgrößen in das Modell eingeschlossen wurden. Hilfreich zur Überprüfung der Eignung des Modells ist das in Abbildung 5.4 dargestellte Streudiagramm der wahren Werte gegen die geschätzten Werte. Nach [66, S. 21] zeichnet sich ein geeignetes Modell dadurch aus, dass die Werte ohne deutliche Ausreißer um die Einheitsfunktion streuen (welche in der Abbildung als Referenz eingezeichnet ist). Dies ist für das vorliegende Modell gegeben. Lediglich einzelne Werte, für die negative $\Delta \hat{Z}_\|$ geschätzt werden, weisen eine Abweichung von der Einheitsfunktion ab. Da das Modell später nur für Werte $\Delta \hat{Z}_\| \geq 0$ dient, wird das Modell unverändert weiterverwendet.

Im Folgenden wird die statistische Signifikanz des Modells überprüft. Die Varianzanalyse (ANOVA) des Modells ergibt einen F-Wert von $73,451$. Der theoretische F-Wert für die vorliegenden Freiheitsgrade liegt bei einer Irrtumswahrscheinlichkeit

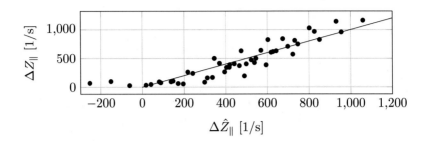

Abbildung 5.4: Streudiagramm der wahren Werte gegen geschätzte Werte des Prozessmodells in Scanrichtung

von 5% bei 2,82. Somit kann die Nullhypothese, dass kein systematischer Zusammenhang zwischen Kovariablen und der Zielvariable besteht, verworfen und das Modell als signifikant betrachtet werden. Des Weiteren ergibt sich bei der Berechnung der Regressionskoeffizienten für jede Kovariable ein p-Wert von 0,000, womit ein signifikanter Einfluss jeder Kovariable vorliegt.

Bevor das Modell verwendet werden kann, müssen weitere Modellannahmen geprüft werden.

Prüfung auf Multikollinearität

Eine Annahme linearer Regressionsmodelle ist, dass die Kovariablen nicht exakt linear abhängig sind. Dies lässt sich bspw. über den *Variance Inflation Factor* (VIF) untersuchen, der für alle Parameter des vorliegenden Modells in Tabelle 5.2 dargestellt ist.

Tabelle 5.2: *Variance Inflation Factors* des Prozessmodells in Scanrichtung

Kovariable	VIF
Pulswiederholfrequenz	1,047
Pulsenergie	1,114
Scangeschwindigkeit	1,097

Die angegebenen VIF-Werte liegen nah am Idealzustand von 1, sodass keine nennenswerte Multikollinearität vorliegt.

Analyse der Residuen

Zur Überprüfung der Modellannahmen der linearen Regression hinsichtlich der Eigenschaften der Störgrößen werden die Residuen betrachtet, da die Störgrößen nicht beobachtbar sind [65, S.108]. Zur Prüfung der Residuen wird zunächst das Streudiagramm der Residuen gegen die geschätzten Werte betrachtet, welches in Abbildung 5.5 dargestellt ist.

Es zeigt sich, dass zumindest für die Werte $\Delta \hat{Z}_{\parallel} \geq 0$ die Residuen gleichmäßig um die Nulllinie streuen und keine Abhängigkeit der Streuung vom geschätzten

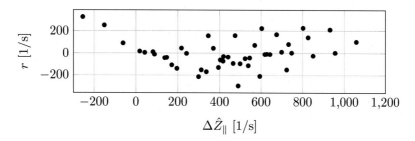

Abbildung 5.5: Streudiagramm der Residuen gegen geschätzte Werte des Prozessmodells in Scanrichtung

Wert sichtbar ist. Somit werden die Annahmen der Homoskedastizität sowie der Unabhängigkeit der Residuen von den Kovariablen als erfüllt angesehen. Zur Untersuchung der Annahme, dass die Residuen normalverteilt sind, wird das in Abbildung 5.6 dargestellte Histogramm der standardisierten Residuen betrachtet. Das Histogramm der Residuen ist annähernd symmetrisch und ist in seiner Form einer Normalverteilung ähnlich. Die Annahme einer Normalverteilung der Residuen kann somit ebenfalls als erfüllt betrachtet werden.

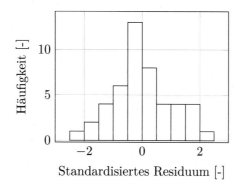

Abbildung 5.6: Histogramm der standardisierten Residuen des Prozessmodells in Scanrichtung

Zur Prüfung der letzten Annahme des Regressionsmodells wird die Autokorrelation der Residuen untersucht. Die Durban-Watson-Statistik des Modells ergibt einen Wert von 1,425. Für die verwendete Kombination aus Kovariablen und Messungen ergibt die Durban-Watson-Tabelle für eine Vertrauenswahrscheinlichkeit von 95% einen Wert von $d_u^+ = 1,40$ und $d_o^+ = 1,67$ [65, S. 616]. Der Wert von 1,425 liegt zwischen d_u^+ und d_o^+ und somit im Unschärfebereich des Tests, sodass die Entscheidung hinsichtlich einer Autokorrelation nicht abschließend getroffen werden kann (nach [65, S. 98]).

Nach abgeschlossener erfolgreicher Prüfung des MLR Modells ergibt sich das Prozessmodell zur Entwicklung der Prozesstemperatur in Scanrichtung mit den ermittelten Regressionskoeffizienten zu

$$\Delta \hat{Z}_{\parallel} = -718{,}725\,\mathrm{s}^{-1} + 1284{,}668\,\mathrm{s}^{-1} \cdot E_p - 208{,}345\,\mathrm{m}^{-1} \cdot v_s + 0{,}003 \cdot f. \quad (5.4)$$

Um eine homogene Prozesstemperatur zu erreichen, wird $\Delta \hat{Z}_{\parallel} = 0$ gesetzt und nach der gewünschten Variablen aufgelöst. Wird bspw. eine Homogenisierung der Prozesstemperatur für eine Pulsenergie von 60 % und eine Pulswiederholfrequenz von 250 kHz gewünscht, ergibt sich daraus eine Scangeschwindigkeit von

$$v_s = \frac{1}{208{,}345\,\mathrm{m}^{-1}} \left(-718{,}725\,\mathrm{s}^{-1} + 1284{,}668\,\mathrm{s}^{-1} \cdot 0{,}6 + 0{,}003 \cdot 250\,000\,\mathrm{Hz} \right) = 3{,}85\,\mathrm{m\,s}^{-1}.$$

5.1.3 Homogenisierung der Prozesstemperatur quer zur Scanrichtung

Zu Erweiterung des zuvor entwickelten thermischen Prozessmodells in Scanrichtung wird im Folgenden ein entsprechendes Prozessmodell für die Entwicklung der Prozesstemperatur quer zur Scanrichtung hergeleitet. Dabei wird in diesem Fall eine rechteckige Fläche mit verschiedenen Spurabständen und Trajektorienlängen betrachtet.

Als Probenmaterial wird wie zuvor ein angeschliffenes, unidirektionales Laminat aus dem verwendeten Primärlaminat verwendet. Zur Datenerhebung wird die Pulsenergie systematisch zwischen 10 % und 70 % der maximalen Pulsenergie bei Pulswiederholfrequenzen von 100 kHz, 200 kHz und 300 kHz variiert. Für jede der Kombinationen aus Pulswiederholfrequenz und Pulsenergie wird mit Hilfe des Modells zur Entwicklung der Prozesstemperatur in Scanrichtung eine passende Scangeschwindigkeit berechnet, welche zu einer homogenen Prozesstemperatur entlang der Trajektorien führt. Mit diesen Kombinationen aus Prozessparametern werden Rechtecke mit 10 mm Breite und variabler Höhe - welcher der Trajektorienlänge entspricht - belichtet. Die Trajektorienlänge wird zwischen 5 mm und 35 mm variiert, wobei als letzte Stellgröße der Spurabstand von 25 % bis 75 % des Fokusdurchmessers variiert wird. Auf diese Weise werden auf Basis des ersten Prozessmodells die fehlenden Kovariablen entsprechend des Unterabschnitts 5.1.1 systematisch für das zweite Prozessmodell untersucht. Die Belichtungen werden erneut mittels der Thermokamera aufgenommen, welche entsprechend Tabelle 5.3 eingestellt ist.

Zur Auswertung der abhängigen Größe $\Delta Z_{\perp}$ - welche in diesem Fall die Entwicklung der Prozesstemperatur quer zur Scanrichtung charakterisiert - wird aus jedem Bild der Thermographieaufnahme der Mittelwert aller Pixelmesswerte berechnet. Die Größe $\Delta Z_{\perp}$ ergibt sich dann der Differenz des Mittelwerts der ersten zehn

Tabelle 5.3: Einstellungen der Thermokamera (Prozessmodell quer zur Scanrichtung)

Parameter	Wert	Einheit
Breite der Aufnahme	64	Pixel
Höhe der Aufnahme	32	Pixel
Integrationszeit	3,9	ms
Bildwiederholfrequenz	250	1/s
Master Clock	10	-

Aufnahmen und des Mittelwerts der letzten zehn Aufnahmen. Im Gegensatz zum ersten Prozessmodells wurde hier die Berechnung auf Basis von Mittel- und nicht Maximalwerten betrachtet, da in diesem Fall flächige und nicht punktförmige Temperaturerhöhungen betrachtet werden sollen. Aufgrund der Betrachtung von Mittelwerten und der damit einhergehenden Glättung der Messwerte wurde an dieser Stelle keine weitere vorherige Untersuchung auf Ausreißer durchgeführt. Der resultierende Stichprobenumfang der Regressionsanalyse beträgt $N = 189$. Die Datenpunkte der Form

$$\mathbf{D}_{i,\perp} = (\Delta Z_\perp, E_p, f, d_t, l) \tag{5.5}$$

werden erneut mittels der Software *SPSS* einer linearen Regressionsanalyse unterzogen. Im Folgenden wird das resultierende Modell in verkürzter Darstellung analog zum Prozessmodell in Scanrichtung statistisch geprüft.

Prüfung des Gesamtmodells und der Regressionskoeffizienten

Für das berechnete Gesamtmodell ergibt sich ein Bestimmtheitsmaß von $R^2 = 0,568$ und ein korrigiertes Bestimmtheitsmaß von $R^2_{korr} = 0,559$. Die Modellgüte liegt damit deutlich unter dem Prozessmodell in Scanrichtung, erklärt aber immer noch über 55% der Streuung. Zusätzlich wird das in Abbildung 5.8 dargestellte Streudiagramm der wahren Werte gegen die geschätzten Werte betrachtet. Auch hier zeigt sich die niedrigere Modellgüte im Vergleich zum Prozessmodell in Scanrichtung. Es werden zum einen eine Reihe Werte < 0 geschätzt, zum anderen werden die Punkte mit den höchsten Werten für $\Delta Z_\perp$ zu niedrig geschätzt. Da allerdings im späteren Einsatzbereich des Modells, d.h. zur Berechnung von Parameterkombinationen mit $\Delta \hat{Z}_\perp = 0$ die Approximationsgüte akzeptabel ist, wird das Modell weiterverwendet. Die Untersuchung auf Signifikanz ergibt p-Werte von 0,000 für das Gesamtmodell sowie für alle Kovariablen, sodass das Modell als signifikant betrachtet werden kann.

Prüfung auf Multikollinearität

Die VIF-Werte des Modells sind in Tabelle 5.4 dargestellt. Die berechneten Werte zeigen, dass keine Multikollinearität vorliegt.

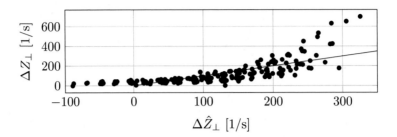

Abbildung 5.7: Streudiagramm der wahren Werte gegen geschätzte Werte des Prozessmodells quer zur Scanrichtung

Tabelle 5.4: *Variance Inflation Factors* des Prozessmodells quer zur Scanrichtung

Kovariable	VIF
Pulswiederholfrequenz	1,044
Pulsenergie	1,044
Trajektorienlänge	1,000
Spurabstand	1,000

Analyse der Residuen

Zur Analyse der Residuen wird erneut das Streudiagramm der Residuen gegen die geschätzten Werte betrachtet, welches in Abbildung 5.8 dargestellt ist. Es zeigt sich, dass die Residuen für einen großen Teil der Werte in einem engen Band um die Nulllinie liegen, insgesamt aber für diesen Bereich ein leicht linear fallender Zusammenhang vorliegt. Erst für hohe Werte von $\Delta\hat{Z}_\perp$ steigen die Residuen stark an, was sich mit der Analyse der Abbildung 5.7 deckt. Das Modell kann somit die Forderungen nach Homoskedastizität sowie nach Unabhängigkeit der Residuen von den Kovariablen nicht vollständig erfüllen. Auch hier muss allerdings erneut argumentiert werden, dass der zentrale Einsatzbereich des Modells um $\Delta\hat{Z}_\perp = 0$ liegt, sodass die hohen Residuen am Rand des Betrachtungsraumes akzeptiert werden.

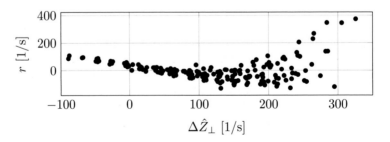

Abbildung 5.8: Streudiagramm der Residuen gegen geschätzte Werte des Prozessmodells quer zur Scanrichtung

Die Untersuchung der Normalverteilung der Residuen erfolgt mittels des in Abbildung 5.9 dargestellten Histogramms. Auch hier fallen einzelne hohe Residuen auf, der wesentliche Anteil der Residuen ist allerdings symmetrisch verteilt und entspricht im Wesentlichen einer Normalverteilung.

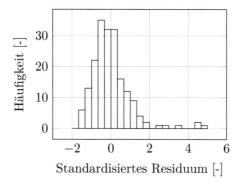

Abbildung 5.9: Histogramm der standardisierten Residuen des Prozessmodells quer zur Scanrichtung

Die Prüfung der Durbin-Watson-Statistik ergibt für das Modell einen Wert von 1,897. Für eine Vertrauenswahrscheinlichkeit von 95% und die verwendete Anzahl an Stichproben ergibt die Durbin-Watson-Tabelle einen Wert von $d_u^+ = 1,728$ und $d_o^+ = 1,794$. Damit liegt der berechnete Wert über $d_o^+ = 1,794$ und unter $4 - d_o^+$, sodass keine Autokorrelation vorliegt (nach [65, S. 98]).

Die statistische Untersuchung zeigt mit den vorhergehenden Ergebnissen, dass das Modell zur Entwicklung der Prozesstemperatur quer zur Scanrichtung eine niedrigere Approximationsgüte als das Prozessmodell in Scanrichtung besitzt und gerade am Rand des betrachteten Parameterraums an Genauigkeit verliert. Mit den berechneten Regressionskoeffizienten ergibt sich das thermische Prozessmodell quer zur Scanrichtung zu

$$\Delta \hat{Z}_\perp = 134{,}436\,\mathrm{s}^{-1} + 200{,}928\,\mathrm{s}^{-1} \cdot E_p + 0{,}000415 \cdot f$$
$$- 5325{,}572\,\mathrm{mm}^{-1}\,\mathrm{s}^{-1} \cdot d_t - 6{,}157\,\mathrm{mm}^{-1}\,\mathrm{s}^{-1} \cdot l. \tag{5.6}$$

Das kombinierte Vorgehen zur Prozesstemperaturhomogenisierung bei der Oberflächenbearbeitung lässt sich mit den entwickelten Prozessmodellen wie folgt umsetzen: Am Ende des letzten Unterabschnitts wurde bereits die Prozesstemperaturhomogenisierung in Scanrichtung für eine Pulsenergie von 60% und eine Pulswiederholfrequenz von 250 kHz untersucht, woraus eine Scangeschwindigkeit von $3{,}85\,\mathrm{m\,s}^{-1}$ resultierte. Aufbauend darauf kann nun das zweite Prozessmodell hinzugezogen werden. Soll bspw. eine Bearbeitung mit einer Trajektorienlänge $l = 35\,\mathrm{mm}$

erfolgen, wird $\Delta \hat{Z}_\perp = 0$ gesetzt und die Gleichung nach dem Spurabstand d_t aufgelöst. Es ergibt sich

$$
\begin{aligned}
d_t &= \frac{1}{5325{,}572\,\mathrm{mm}^{-1}\,\mathrm{s}^{-1}} \left(134{,}436\,\mathrm{s}^{-1} + 200{,}928\,\mathrm{s}^{-1} \cdot 0{,}6 \right. \\
&\quad \left. + 0{,}000415 \cdot 250\,000\,\mathrm{Hz} - 6{,}157\,\mathrm{mm}^{-1}\,\mathrm{s}^{-1} \cdot 35\,\mathrm{mm} \right) \\
&= 0{,}0269\,\mathrm{mm}.
\end{aligned}
$$

5.1.4 Validierung der Prozessmodelle

Zur Validierung der hergeleiteten Modelle zur Entwicklung der Prozesstemperatur in und quer zur Scanrichtung wird eine rechteckige Testgeometrie mit zwei Testparametersätzen belichtet und die Bearbeitung mittels Thermographie aufgenommen. Die Thermokamera wird dafür gemäß Tabelle 5.5 eingestellt. Es wird ein Parametersatz mit der höchsten untersuchten mittleren Leistung verwendet, da bei dieser Parameterkombination eine mögliche Wärmeakkumulation am deutlichsten auftreten sollte. Die Validierungsmessung wird mit einer Pulsenergie von 70% und einer Pulswiederholfrequenz von 300 kHz durchgeführt. Aus dem ersten Prozessmodell resultiert für die betrachtete Parameterkombination und einem geforderten $\Delta \hat{Z}_\parallel = 0$ eine Scangeschwindigkeit von $v_s = 5{,}2\,\mathrm{m\,s}^{-1}$. Die Parameterkombination wird für Spurabstände von 50% und 25% des Fokusdurchmessers untersucht. Damit ergeben sich aus dem zweiten Prozessmodell unter Berücksichtigung der Forderung $\Delta \hat{Z}_\perp = 0$ Trajektorienlängen von $l = 51\,\mathrm{mm}$ bzw. $l = 58\,\mathrm{mm}$. Die Breite der bearbeiteten Fläche beträgt 10 mm.

Tabelle 5.5: Einstellungen der Thermokamera (Validierung der Prozessmodelle)

Parameter	Wert	Einheit
Breite der Aufnahme	320	Pixel
Höhe der Aufnahme	256	Pixel
Integrationszeit	6	ms
Bildwiederholfrequenz	100	1/s
Master Clock	10	-

Zur Überprüfung der Vorhersagegenauigkeit der Modelle wird für jedes Bild der Thermographieaufnahme die maximale Zählrate ausgewertet. Es wird erwartet, dass bei erfolgreicher Homogenisierung die maximalen Zählraten im Mittel auf einem konstanten Niveau bleiben. In Abbildung 5.10 sind die Messergebnisse für beide Testgeometrien dargestellt, wobei ein gleitender Mittelwert über zehn Messwerte zur besseren Darstellung verwendet wurde. Zusätzlich zu den Messwerten ist der Mittelwert aller Messwerte als Konstante dargestellt.

Bei der Analyse der Abbildung 5.10 fällt auf, dass bei einem Spurabstand von 25% des Fokusdurchmessers ein leichter Anstieg der maximalen Zählrate vorliegt,

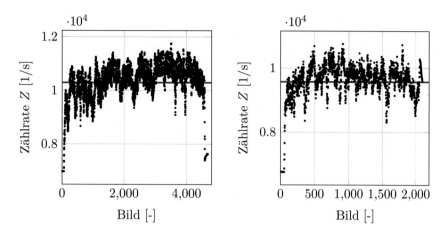

Abbildung 5.10: Validierungmessungen mit einem Spurabstand von 25% (links), bzw. 50% (rechts) des Fokusdurchmessers

wohingegen bei einem Spurabstand von 50% des Fokusdurchmessers ein stabiles Niveau erreicht wird. Es muss bei der Interpretation der Abbildung hinsichtlich einer Veränderung der Prozesstemperatur berücksichtigt werden, dass es sich bei den dargestellten Messwerten um Strahlungsintensitäten handelt, die von der vierten Potenz der Temperatur abhängen. Somit deutet eine kleine Änderung in den Messwerten nur auf eine sehr kleine Änderung der Temperatur hin. Erklären lässt sich das unterschiedliche Verhalten bei den zwei untersuchten Spurabständen durch den Umstand, dass bei dem kleineren Spurabstand das Modell noch weiter über die zur Modellerstellung verwendeten Grenzen[1] hinaus zur Extrapolation genutzt wird als bei dem größeren Spurabstand und es somit zu erwarten ist, dass die Vorhersagegenauigkeit abnimmt. Das grundsätzlich stark auftretende Schwanken der Messwerte um den Mittelwert erklärt sich dadurch, dass die Thermokamera nur einen Teil der bearbeiteten Fläche aufnimmt und so immer wieder Aufnahmen erfolgen, bei denen der Laser außerhalb des Bildfeldes ist. Insgesamt kann jedoch festgehalten werden, dass mit Hilfe der Prozessmodelle ein stabiles Prozesstemperaturniveau bei der Laserbearbeitung erreicht werden kann und die Homogenisierung der Prozesstemperatur durch die entwickelten Prozessmodelle damit als erfolgreich validiert betrachtet werden kann.

5.2 Versuchsplanung

Zur effektiven Versuchsplanung wird zunächst eine Systembetrachtung für die laserbasierte Oberflächenaktivierung durchgeführt. Dadurch sollen die wesentlichen Einflussgrößen auf den Prozess herausgestellt und systematisch eingeordnet werden. Die laserbasierte Oberflächenaktivierung ist Teil einer komplexen Prozesskette

---

[1] Bei der Modellerstellung wurden Trajektorienlängen von 5 mm bis 35 mm verwendet

zur Reparatur kohlenstofffaserverstärkter Kunststoffe. Zur systematischen Untersuchung des Zusammenhangs von Prozessparametern und Prozessergebnissen wird
die Systemgrenze so nah wie möglich am Aktivierungsprozess definiert. Die Abbildung 5.11 zeigt ein in Anlehnung an [67, S. 3] erstelltes Systemmodell der laserbasierten Oberflächenaktivierung.

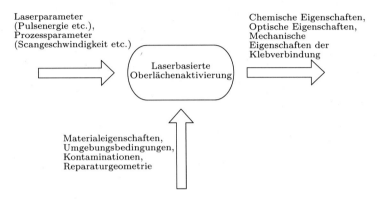

Abbildung 5.11: Systemmodell der laserbasierten Oberflächenaktivierung

Als betrachtetes System wird die laserbasierte Oberflächenaktivierung definiert.
Diese wird durch die links in der Abbildung dargestellten gezielt einstellbaren Parameter beeinflusst. Dabei handelt es sich um die Laserparameter (wie bspw. Pulsenergie oder Pulswiederholfrequenz) sowie die Prozessparameter (wie bspw. Scangeschwindigkeit oder Spurabstand). Unten in der Abbildung ist der zweite Satz
an Parametern dargestellt, die auf das System Einfluss haben. Diese Parameter
können allerdings in der Praxis nicht gezielt eingestellt werden, sondern sind durch
Herstellervorgaben, Schadensbilder oder Fertigungsbedingungen gegeben. Aus diesem Grund werden diese Parameter im Rahmen der folgenden Untersuchung möglichst konstant gehalten. Rechts in der Abbildung sind die Qualitätsmerkmale des
Systems dargestellt. Dabei handelt es sich um die chemischen und optischen Eigenschaften der aktivierten Oberfläche, da diese die in Abschnitt 4.2 definierten
Merkmale der Aktivierung messen. Als weiteres Qualitätskriterium werden die mechanischen Eigenschaften der Klebverbindung definiert. Bei Letzteren handelt es
sich allerdings um ein indirektes Qualitätsmerkmal, da es nicht direkt aus der
Oberflächenaktivierung folgt, sondern zunächst der Fügeprozess erfolgen muss.

Im Folgenden wird auf Basis des Systemmodells zunächst eine Betrachtung der
gezielt einstellbaren Parameter durchgeführt und auf Basis der zuvor entwickelten
Modelle zur Homogenisierung der Prozesstemperatur ein Versuchsplan entwickelt.
Anschließend wird für jedes der betrachten Qualitätsmerkmale zunächst die Versuchsplanung dargelegt, worauf eine Diskussion der Ergebnisse folgt.

5.2.1 Herleitung des Versuchsplans

Die im Abschnitt 5.1 entwickelten Modelle zur Prozesstemperaturhomogenisierung setzten die einzelnen Laser- und Prozessparameter in Beziehung zueinander, sodass gleichmäßige Prozesstemperaturen während der Bearbeitung auftreten. Ein wesentlicher Vorteil der entwickelten Modelle liegt darin, dass durch die Verbindung der Parameter untereinander die Anzahl der möglichen Faktoren für die Versuchsplanung signifikant reduziert wird. Für die im Folgenden durchgeführten Versuche wird die Probengeometrie so definiert, dass eine Trajektorienlänge von 35 mm verwendet wird. Durch das Prozessmodell zur Temperaturentwicklung in Scanrichtung wird durch Vorgabe der Pulsenergie und Pulswiederholfrequenz die Scangeschwindigkeit definiert. Mit der zusätzlichen Vorgabe einer festen Trajektorienlänge für die Untersuchungen wird durch das Prozessmodell zur Beschreibung der Temperaturentwicklung quer zur Scanrichtung ebenfalls der Spurabstand definiert. Somit ist der Parameterraum auf die Pulsenergie und Pulswiederholfrequenz eingeschränkt, welche als Faktoren des im Folgenden entwickelten Versuchsplans genutzt werden. Aufgrund der niedrigen Anzahl an Faktoren wird ein vollfaktorielles Versuchsdesign mit drei Stufen je Faktor gewählt.

Die Grenzen der beiden Faktoren werden zunächst durch Vorversuche bestimmt. Abbildung 5.12 zeigt das Ergebnis der Belichtung eines 20 mm x 20 mm großen Feldes mit verschiedenen Pulsenergien, einer Pulswiederholfrequenz von 100 kHz und allen weiteren Parametern entsprechend der zuvor hergeleiteten Prozessmodelle.

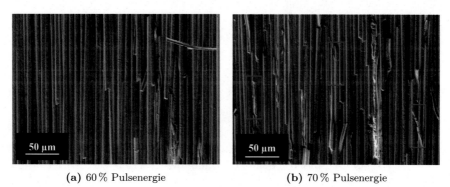

(a) 60 % Pulsenergie   (b) 70 % Pulsenergie

Abbildung 5.12: Vorversuch zur Bestimmung der Prozessgrenzen für die Pulsenergie

Es zeigt sich, dass bei einer Pulsenergie von 60 % die Fasern mehrere Lagen tief freigelegt werden und dabei größtenteils intakt bleiben. Wird die Pulsenergie jedoch auf 70 % erhöht, so treten verstärkt Schädigungen wie bspw. ein Aufbrechen der Fasern in Längsrichtung auf. In Abbildung 5.12b sind mehrere dieser Schädigungen beispielhaft hervorgehoben. Die obere Grenze der Pulsenergie wird daher auf 60 % festgelegt. Die untere Grenze der Pulsenergie wird mit 40 % so gewählt, dass ein erkennbares Freilegen der Fasern erzielt wird.

Die Grenzen für die Pulsfrequenz werden aus prozesstechnischen Überlegungen abgeleitet. Die untere Grenze der Pulswiederholfrequenz wird mit 150 kHz so gewählt, dass sich bei einer Pulsenergie von 40 % eine Scangeschwindigkeit auf Grundlage der Prozessmodelle von mindestens $1000 \, \mathrm{mm \, s^{-1}}$ ergibt, um wirtschaftliche Prozesszeiten zu ermöglichen. Die obere Grenze für den Faktor Pulswiederholfrequenz wird mit 250 kHz hingegen so gewählt, dass sich bei einer Pulsenergie von 60 % und den weiteren Parametern entsprechend der Prozessmodelle ein Spurabstand ergibt, der eine Spurüberdeckung gewährleistet.

Mit den so definierten Prozessgrenzen für die Faktoren Pulsenergie und Pulswiederholfrequenz wird mittels der Software *Minitab*[2] ein vollfaktorieller Versuchsplan mit drei Stufen je Faktor erstellt. Der randomisierte Versuchsplan ist in Tabelle 5.6 dargestellt.

Tabelle 5.6: Versuchsplan der empirischen Prozessentwicklung

Laser-parameter	Pulsenergie [%]	Pulswieder-holfrequenz [kHz]	Trajektorien-länge [mm]	Scange-schwindigkeit [mm/s]	Spurabstand [µm]
LP1	50	200	35	2513	19,2
LP2	60	150	35	2410	19,1
LP3	40	150	35	1177	11,6
LP4	40	200	35	1897	15,5
LP5	60	200	35	3130	23,0
LP6	40	250	35	2617	19,4
LP7	60	250	35	3850	26,9
LP8	50	150	35	1793	15,3
LP9	50	250	35	3233	23,1

5.2.2 Optische Analyse

Die optische Analyse des Prozessergebnisses dient der Charakterisierung der Topografie nach der Laseraktivierung. Dies umfasst insbesondere die in Abschnitt 4.2 als Teil der Aktivierung beschriebene Freilegung der Fasern sowie den Zustand der Fasern.

Messtechnisch wird für die optische Analyse ein Rasterelektronenmikroskop (REM) sowie ein Laser-Scanning Mikroskop (LSM) eingesetzt. Die Rasterelektronenmikroskopie wird in nahezu allen in Kapitel 3 analysierten wissenschaftlichen Untersuchungen für die Oberflächencharakterisierung verwendet und erlaubt sehr hochauflösende Detailaufnahmen. Für die vorliegende Untersuchung wird ein REM vom Typ Supra 55VP der Firma Zeiss[3] eingesetzt. Es wird eine Beschleunigungsspannung von 5 kV verwendet und die Proben werden vor der Bearbeitung nicht beschichtet. Um über die zweidimensionalen Aufnahmen eines REM hinaus auch

---

[2]Minitab GmbH, Theatinerstraße 11, 80333 München
[3]Carl Zeiss Microscopy GmbH, Carl-Zeiss-Promenade 10, 07745 Jena

dreidimensionale Eigenschaften der Oberfläche zu bewerten, wird ein LSM vom Typ VK8710K der Firma Keyence[4] genutzt. Dabei handelt es sich um ein konfokales LSM, welches hochauflösende, dreidimensionale Aufnahmen der Oberfläche erlaubt. Das konfokale Messprinzip beruht darauf, dass sich im Strahlengang des Mikroskops eine Lochblende befindet, welche nur den Teil des reflektierten Lichts durchlässt, der von der Fokusebene des Objekts zurückgeworfen wird [68, S. 426f.]. Durch eine schichtweise Aufnahme lässt sich auf Basis dieses Prinzips ein dreidimensionales Bild erzeugen. Eine Präparation der Proben ist für dieses Messverfahren nicht notwendig. Mittels LSM wird an jedem Messpunkt ein Raster von 2 x 3 Aufnahmen gemacht, die durch entsprechende Analysesoftware zusammengesetzt werden und so eine - im Vergleich zu den REM Aufnahmen - große Fläche von 500 µm x 500 µm analysiert werden kann.

Die Probengeometrie für die optische Analyse ist in Abbildung 5.13 dargestellt. Es handelt sich bei der Probe um unidirektionales M21 Laminat mit einer ebenen Oberfläche und einer Laminatstärke von 1,5 mm. Die Größe der Probe beträgt 37 mm x 37 mm und die belichtete Fläche (rot dargestellt) 35 mm x 35 mm. Die Faserrichtung entspricht der Ausrichtung der Trajektorien, welche in der Abbildung von unten nach oben orientiert sind. Die Oberfläche der Probe wird vor der Bearbeitung mit 320er Nassschleifpapier angeschliffen, um eine Oberfläche zu generieren, die einer gefrästen Oberfläche ähnlich ist. Anschließend erfolgt eine Reinigung mit Isopropanol.

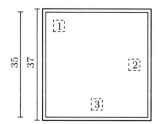

Abbildung 5.13: Probengeometrie der optischen Analyse

Die Messungen erfolgen mit beiden Geräten an den in Abbildung 5.13 dargestellten Messpunkten 1, 2 und 3. Eine Vorabdefinition der Messpunkte und eine Messung an mehreren Messpunkten erfolgt, um mögliche Schwankungen des Prozessergebnisses innerhalb einer Probe zu detektieren und die Messergebnisse hinsichtlich ihrer Streuung zu bewerten.

5.2.3 Chemische Analyse

Die in Abschnitt 4.2 erläuterte Definition der Aktivierung umfasst als wichtigen Punkt für die Adhäsion die Anlagerung funktionaler Gruppen. Zur Bewertung, ob und in welcher Art und Weise eine derartige Anlagerung von chemischen Gruppen

---

[4]KEYENCE DEUTSCHLAND GmbH, Siemensstraße 1, 63263 Neu-Isenburg

erfolgt und wie sich damit das Qualitätsmerkmal der chemischen Eigenschaften
verändert, werden Proben mit allen Parametern des Versuchsplans bearbeitet und
einer oberflächenchemischen Analyse unterzogen.

Die Proben werden mittels Röntgenphotoelektronenspektroskopie (XPS, *X-ray
photoelectron spectroscopy*) untersucht. Dieses Messverfahren beruht auf dem äu-
ßeren photoelektrischen Effekt. Die Probe wird im Ultrahochvakuum mittels Rönt-
genstrahlung bestrahlt, wodurch Elektronen aus besetzten Anfangszuständen emittiert werden und ein ionisierter Endzustand erreicht wird. Durch entsprechende
Detektoren können die emittierten Elektronen erfasst werden und aus deren Bindungsenergie auf die chemische Zusammensetzung des Probenmaterials geschlossen werden. Die Informationstiefe liegt dabei im Bereich weniger Nanometer. [69,
S. 68f.] Als Messgerät wird ein Thermo K-Alpha K1102-System eingesetzt, welches
mit einer Al-Kα Anregung arbeitet. Die Analysefläche eines einzelnen Messpunk-
tes hat dabei einen Durchmesser von 400 µm. Die Röntgenphotoelektronenspektroskopie wird in einer Vielzahl von Studien ([28], [31], [47], [49], [56], [70]) für
die chemische Analyse von CFK Oberflächen eingesetzt und deshalb als geeignet
erachtet.

Für die XPS Analysen werden die in Abbildung 5.14a dargestellten Proben verwendet (Draufsicht und Querschnitt). Dabei handelt es sich um eine Probe aus
unidirektionalem M21 Laminat, das im Verhältnis 1:20 in Faserrichtung geschäftet
ist. Die Ursprungsmaterialstärke beträgt 1,5 mm. Für die Laserbearbeitung wird
der Scanner mittig über der geschäfteten Fläche positioniert und der Maschinen-
tisch so ausgerichtet, dass die geschäftete Fläche in der Fokusebene des Scanners
liegt. Es werden zwei rechteckige Flächen (rot dargestellt) mit einem Abstand von
0,5 mm mit dem Laser in Richtung der Fasern belichtet. Der quadratische Messbereich der XPS Analyse ist in der Abbildung gestrichelt dargestellt und verfügt über
eine Größe von 20 mm x 20 mm, sodass sich zwei Bereiche L und R ergeben und auf
diese Weise zwei Parameter pro Probe analysiert werden können. Nach der Laserbearbeitung wird der Messbereich kontaminationsfrei aus der Probe getrennt und
mittels XPS untersucht. Dabei wird ein Raster von 15 x 15 Messpunkten innerhalb
des gestrichelten Quadrats analysiert. Die Abbildung 5.14b zeigt eine Detailansicht
des untersuchten Bereichs mit den eingezeichneten Messpunkten. Von den 15 x 15
Messpunkten werden jeweils 6 x 13 Messpunkte für die Auswertung eines Parameters verwendet, um Randeffekte zu vermeiden.

5.2.4 Mechanische Prüfung

Das dritte Qualitätsmerkmal des in Abbildung 5.11 dargestellten Systems zur laserbasierten Oberflächenaktivierung ist die mechanische Festigkeit der Klebverbindung. Ziel der mechanischen Prüfung ist es, den Einfluss der Laserbearbeitung auf
die Versagensart und Versagenslast zu analysieren. Dabei besteht der wesentliche
Unterschied zu den anderen beiden Analyseverfahren darin, dass es sich hierbei

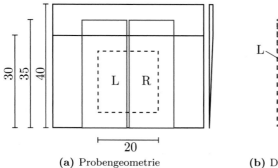 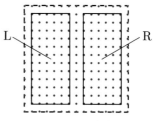

(a) Probengeometrie   **(b)** Detailansicht der Messpunkte

Abbildung 5.14: Probengeometrie und Messpunkte der chemischen Analyse

nicht um ein direkt nach dem Prozess messbares Qualitätskriterium handelt, sondern ein Fügeprozess auf die Laseraktivierung folgt und die Proben anschließend mechanisch geprüft werden.

In vielen wissenschaftlichen Untersuchungen wird der Zugscherversuch - wie in Kapitel 2 beschrieben - als mechanisches Prüfverfahren für die Untersuchung von Oberflächenvorbehandlungen verwendet. Der Aufbau des Zugscherversuches entspricht dabei allerdings nicht den späteren Gegebenheiten bei der Reparatur eines Flugzeugbauteils, welche typischerweise geschäftet ausgeführt wird. Um einen anwendungsrelevanten Lastfall zu untersuchen, werden die mechanischen Prüfungen in der vorliegenden Arbeit in Anlehnung an die DIN EN 6066 [71] durchgeführt, welche speziell für geschäftete Verbindungen ausgelegt ist. Die mechanische Prüfung erfolgt mit einer Zugprüfmaschine vom Typ Z100 der Firma ZwickRoell[5], welche mit einer Verfahrgeschwindigkeit von $2\,\mathrm{mm\,min}^{-1}$ betrieben wird. Bei der Prüfung kommen keine Aufleimer zum Einsatz.

Die Probengeometrie für die mechanische Prüfung ist in Abbildung 5.15 dargestellt, wobei die Breite der Proben 25 mm und die Stärke der Proben 1,5 mm beträgt. Für die Herstellung der Probe wird das mit dem Schäftverhältnis 1:10 gefräste Primärlaminat mit dem Laser vorbehandelt und anschließend innerhalb von 24 Stunden mit dem Klebfilm und dem Reparaturlaminat im *Co-Bonding* gefügt. Dies erfolgt über sechs Stunden bei 140 °C und unter Vakuum bei einem Druck von 100 mbar. Der Aufbau des Reparaturlaminats entspricht dem $[0]_8$ Aufbau des Ursprungslaminats.

5.3 Ergebnisse und Diskussion

Im folgenden Abschnitt werden zunächst die Ergebnisse der einzelnen Analyseverfahren dargestellt und diskutiert. Im letzten Unterabschnitt erfolgt abschließend

---

[5]ZwickRoell GmbH & Co. KG, August-Nagel-Strasse 11, 89079 Ulm

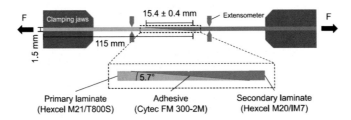

Abbildung 5.15: Probengeometrie zur mechanischen Prüfung [72]

eine übergeordnete Diskussion aller Ergebnisse der empirischen Prozessentwick-lung.

5.3.1 Optische Analyse

Zur optischen Analyse werden zunächst REM Aufnahmen des Materials vor und nach der Laserbearbeitung betrachtet. Die Abbildung 5.16 zeigt eine geschliffene Referenzprobe sowie eine mit LP1 bearbeitete Probe, jeweils bei 500-facher und 3000-facher Vergrößerung. Bei der Referenzprobe ist deutlich zu erkennen, wie al-le Fasern fast vollständig in der Matrix eingebettet sind. Nach der Bearbeitung mit LP1 sind die Fasern hingegen freigelegt. Die Fasern bleiben dabei nahezu voll-ständig intakt, lediglich einzelne Fasern innerhalb des Bildausschnittes sind durch-trennt. Bei 3000-facher Vergrößerung lässt sich zudem erkennen, dass nicht nur eine Lage Fasern freigelegt ist, sondern auch die zu erkennenden Fasern der darunter liegenden Lage freigelegt sind. Darüber hinaus sind einzelne, ungleichmäßig verteil-te Matrixreste zu erkennen, welche durch die Elektronenstrahlung aufgeladen sind und in der Abbildung hell hervortreten.

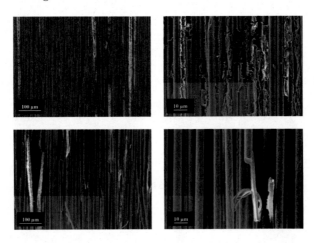

Abbildung 5.16: Vergleich einer geschliffenen Referenzprobe (oben) mit einer laserbe-arbeiteten Probe (unten, LP1)

Zur Verifizierung korrekt gewählter Grenzen in der Versuchsplanung wird in der Abbildung 5.17 das Ergebnis der Laserbearbeitung mit der niedrigsten mittleren Leistung (LP3) und mit der höchsten mittleren Leistung (LP7) verglichen. Aus der Abbildung geht hervor, dass sowohl bei der niedrigsten als auch bei der höchsten mittleren Leistung eine Freilegung der Fasern erfolgt, ohne dabei deutlich erkennbar die Fasern zu schädigen. Die Wahl der Grenzen kann somit als geeignet betrachtet werden. Darüber hinaus ist der Abbildung zu entnehmen, dass sich die Bearbeitungsergebnisse augenscheinlich kaum unterscheiden. Der wesentliche Unterschied zwischen den REM Aufnahmen liegt in dem Auftreten von Matrixresten. In der linken Aufnahme existiert eine deutliche, matrixreiche Region wohingegen in der rechten Aufnahme einzelne, kleine Matrixreste auftreten. Da diese Matrixrückstände jedoch sehr ungleichmäßig verteilt auftreten, kann daraus kein direkter Schluss gezogen werden. Es lässt sich aus der Abbildung insgesamt schließen, dass ein Freilegen der Fasern über den gesamten betrachteten Leistungsbereich möglich ist, ohne dass dabei wesentliche optische Unterschiede sichtbar werden.

Abbildung 5.17: Vergleich des Bearbeitungsergebnisses mit der niedrigsten mittlere Leistung (links, LP3) und der höchsten mittleren Leistung (rechts, LP7)

Zur Identifizierung eines möglichen Effekts der Faktoren des Versuchsplans auf das optisch analysierte Bearbeitungsergebnis werden die Faktoren in der Abbildung 5.18 einzeln betrachtet. In der oberen Reihe der Abbildung sind v.l.n.r. bei konstanter Pulsenergie von 50 % Pulswiederholfrequenzen von 150 kHz, 200 kHz und 250 kHz dargestellt. In der unteren Reihe der Abbildung sind v.l.n.r. bei konstanter Pulswiederholfrequenz von 200 kHz Pulsenergien von 40 %, 50 % und 60 % dargestellt. Aus der Abbildung ist zu ersehen, dass weder die Pulsenergie noch die Pulswiederholfrequenz einen deutlich sichtbaren Effekt auf das optische Ergebnis hinsichtlich der Faserfreilegung, der Zerstörung von Fasern oder dem Auftreten von Matrixrückständen haben. Alle der betrachteten Parameter führen zu einem Freilegen der Fasern, wobei wenig beschädigte Fasern auftreten.

Zur Erweiterung der optischen Analyse der Proben wird wie in Unterabschnitt 5.2.2 neben dem Rasterelektronenmikroskop auch ein Laser-Scanning Mikroskop zur Untersuchung eingesetzt. Die Abbildung 5.19 vergleicht erneut die Bearbeitung mit der niedrigsten und höchsten mittleren Leistung (vgl. Abbildung 5.17), wobei in diesem Fall mittels LSM zwei- und dreidimensionale Aufnahmen gemacht werden. Links dargestellt sind dabei zweidimensionale Draufsichten, welche kaum Unterschiede erkennen lassen. Die dreidimensionalen Aufnahmen hingegen, die durch die

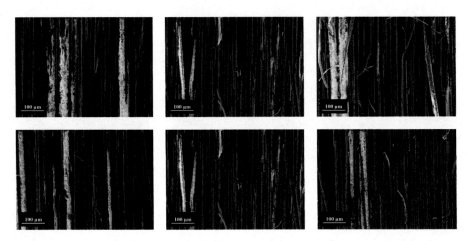

Abbildung 5.18: Getrennte Betrachtung der Faktoren Pulswiederholfrequenz (oben, steigend v.l.n.r. mit LP8, LP1, LP9) und Pulsenergie (unten, steigend v.l.n.r mit LP4, LP1, LP5)

konfokale Mikroskopie ermöglicht werden, lassen Unterschiede in der Orientierung der Fasern erkennen. Bei der Bearbeitung mit der niedrigsten mittleren Leistung (LP3, oben) sind mehrere Fasern zu erkennen, die bis zu ca. 200 μm aufgestellt sind. Bei der Bearbeitung mit der höchsten mittleren Leistung (LP7, unten) hingegen liegen ebenfalls einige aufgestellte Fasern vor, jedoch sind diese nur leicht aufgestellt.

Zur Kontrolle der Aussagekraft der optischen Analyse wurden, wie in Unterabschnitt 5.2.2 dargestellt, Aufnahmen an vordefinierten Messpunkten mit beiden Messverfahren durchgeführt. Bei den bisher dargestellten Aufnahmen wurden möglichst charakteristische Aufnahmen für die jeweilige Probe gewählt. Zu Verdeutlichung der Streuung von Aufnahmen auf einer einzelnen Probe ist in Abbildung 5.20 das Ergebnis der Bearbeitung mit LP2 dargestellt, wobei jeweils die Mikroskopieaufnahmen mittels REM und LSM für alle drei Messpunkte dargestellt sind. Bei der Betrachtung der REM Aufnahmen zeigt sich, dass die Aufnahme des Messpunkts 2 (mittlere Reihe) deutlich mehr Matrixreste und eine insgesamt rauere Oberfläche als die anderen beiden REM Aufnahmen aufweist. Aus der Untersuchung der LSM Aufnahmen geht ein ähnliches Bild hervor, wobei noch ein deutlicherer Unterschied zwischen Messpunkt 1 (obere Reihe) und Messpunkt 3 (untere Reihe) vorliegt. Während am Messpunkt 1 die aufgestellten Fasern sehr gleichmäßig über die Probe verteilt auftreten, sind diese am Messpunkt drei in einem Bereich der Probe konzentriert. Insgesamt ergibt sich aus der Abbildung, dass mit beiden Messverfahren deutliche Schwankungen zwischen den Messpunkten auf der gleichen Probe zu beobachten sind.

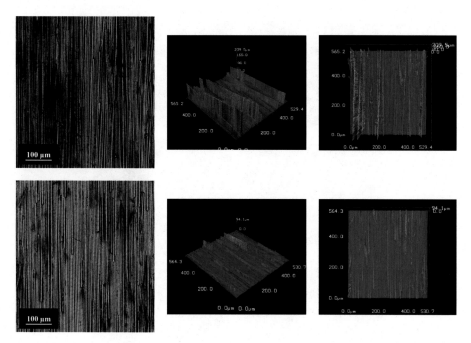

Abbildung 5.19: Vergleich des Bearbeitungsergebnisses mit der niedrigsten mittlere Leistung (oben, LP3) und der höchsten mittleren Leistung (unten, LP7) mittels LSM

Schlussfolgerung aus der optischen Analyse

Die optische Analyse der mittels des in Unterabschnitt 5.2.1 herleiteten Versuchsplans bearbeiteten Proben liefert die folgenden wesentlichen Erkenntnisse: Ein Freilegen der Fasern - wie es die in der vorliegenden Arbeit verwendete Definition einer Aktivierung umfasst - ist mit allen untersuchten Laserparametern möglich. Dabei sind zwischen den einzelnen Parametern kaum Unterschiede hinsichtlich des Freilegung der Fasern, der Schädigung der Fasern oder Verteilung von Matrixresten erkennbar, wobei die LSM Aufnahmen darauf hindeuten, dass eine Bearbeitung mit einer höheren mittleren Leistung zu weniger stark aufgestellten Fasern führt. Ein Aufstellen der Fasern wird als problematisch angesehen, da es ein Anzeichen dafür sein kann, dass die Faser geschädigt ist und an der geschädigten Stelle gebrochen ist, oder dass Einschlüsse unterhalb der Fasern vorliegen, die das Aufstellen hervorrufen. Beide Ausprägungen hätten einen negativen Einfluss auf eine spätere Klebfestigkeit. Allein ausgehend von der Bewertung der Freilegung könnte theoretisch jeder untersuchte Laserparameter für die Aktivierung verwendet werden. Zur Erreichung eines möglichst wirtschaftlichen Prozesses sollte dabei der Parameter mit der höchsten Oberflächenrate verwendet werden, welche als

$$\dot{A} = v_s \cdot d_t \qquad (5.7)$$

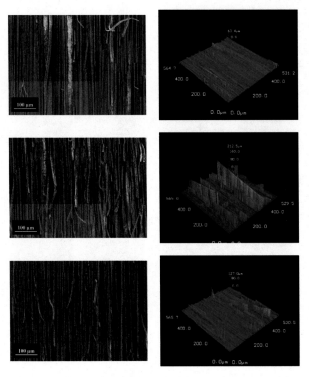

Abbildung 5.20: Aufnahmen der Messpunkte 1, 2 und 3 (v.o.n.u) auf einer mit LP2
bearbeiteten Probe mittels REM und LSM

berechnet wird. Der Laserparameter LP7 verfügt mit 103,6 mm^2 s^{-1} über die höchste Oberflächenrate aller untersuchten Laserparameter und würde ausgehend von
der optischen Analyse als Vorzugsparameter gewählt werden. Da es sich dabei auch
um den Parameter mit der höchsten mittleren Leistung handelt, entspricht diese
Auswahl ebenfalls der Schlussfolgerung der LSM Aufnahmen.

Eine weitere wesentliche Schlussfolgerung der optischen Analyse liegt in dem signifikanten Erkenntnisgewinn, der sich durch die Verfahrenskombination aus REM
und LSM realisieren lässt. Durch die heutzutage standardmäßig eingesetzten REM
Aufnahmen lassen sich hochqualitative Detailaufnahmen erstellen, jedoch konnte
mit den zuvor dargestellten Aufnahmen gezeigt werden, dass bei sehr ähnlichen
zweidimensionalen Aufnahmen deutliche Unterschiede hinsichtlich dreidimensionaler Effekte wie dem Aufstellen von Fasern existieren können. Um auch diese
Charakteristika zu erfassen, sollte für die Untersuchung stets eine Kombination
aus zwei- und dreidimensionaler Messtechnik eingesetzt werden. Gleichzeitig ergibt sich aus der standardisierten Messung an vordefinierten Messpunkten, dass
eine punktuelle Messung - sowohl mittels REM oder LSM - bei dem untersuchten
Materialsystem dazu führen kann, eine nicht-repräsentative Aufnahme der Oberfläche zu machen. Dies lässt sich im Wesentlichen auf das inhomogene Material

zurückführen. Es sollten daher stets mehrere Messungen an verschiedenen vorab definierten Messpunkten durchgeführt werden.

5.3.2 Chemische Analyse

Die Ergebnisse der chemischen Analyse der Probenoberfläche mittels Röntgenphotoelektronenspektroskopie sind in Tabelle 5.7 dargestellt. Bei der Referenz handelt es sich um eine Probe, die der zuvor dargestellten Probengeometrie entspricht und ohne Laserbearbeitung untersucht wurde.

Tabelle 5.7: Ergebnisse der XPS Messungen

Parameter	Kohlenstoff (C) [at%]	Sauerstoff (O) [at%]	Stickstoff (N) [at%]
Referenz	78,37	14,24	4,65
LP1	85,66	9,17	3,56
LP2	86,52	8,37	3,50
LP3	82,94	10,09	5,42
LP4	84,11	9,70	4,30
LP5	86,46	8,73	3,28
LP6	84,07	9,36	4,66
LP7	84,86	8,84	4,20
LP8	85,66	8,79	4,30
LP9	84,66	8,75	4,53

Aus der Tabelle geht hervor, dass sich der Kohlenstoff- und Sauerstoffgehalt gegenüber der Referenz deutlich ändern. Die Konzentration an Kohlenstoff steigt dabei an, wohingegen die Sauerstoffkonzentration stark abfällt. Da sich bei diesen beiden Größen eine signifikante Abweichung zwischen Referenz und laserbearbeiteter Probe zeigt, erfolgt eine nähere Betrachtung des Effekts der Faktoren Pulsenergie und Pulswiederholfrequenz auf die Konzentrationen der Elemente Sauerstoff und Kohlenstoff. Die Abbildung 5.21 zeigt die Konzentrationen der betrachteten Elemente, jeweils dargestellt gegenüber der Pulsfrequenz und der Pulsenergie. Den Graphen der linken Spalte ist zu entnehmen, dass kein klarer Zusammenhang zwischen der Pulswiederholfrequenz und der Elementkonzentration vorliegt. Die Graphen der rechten Spalte stellen hingegen deutlich dar, dass mit zunehmender Pulsenergie die Kohlenstoffkonzentration zunimmt und die Sauerstoffkonzentration abnimmt.

Mittels XPS Messungen sollte die Anlagerung funktioneller Gruppen als Teil der in Abschnitt 4.2 formulierten Definition der Aktivierung untersucht werden. Aus dem Vergleich von Referenzprobe und aktivierter Probe geht allerdings hervor, dass es zu einem signifikanten Abfall der Sauerstoffkonzentration kommt, was der Hypothese einer Anlagerung funktioneller Gruppen - welche oftmals Sauerstoff enthalten - zunächst widerspricht. Die eigentliche Erklärung für die starke Abweichung von Referenz und aktivierter Probe ergibt sich jedoch auf makroskopischer Ebene: Die einzelnen Messpunkte der XPS Messung verfügen über einen Durchmesser

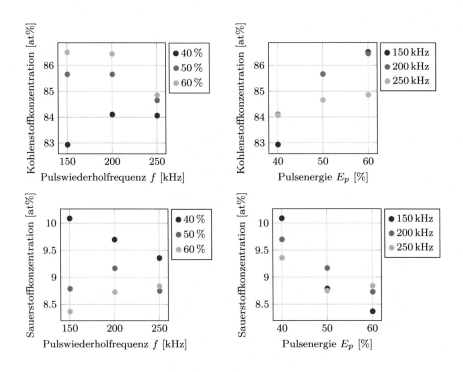

Abbildung 5.21: Auswertung XPS Ergebnisse

von 400 μm und decken somit einen Bereich ab, der mehr als 50 Faserdurchmesser umfasst. Wie die Ergebnisse der optischen Analyse gezeigt haben, wird durch die Laserbearbeitung die Epoxidmatrix in den oberen Faserlagen zum größten Teil entfernt und die resultierende Oberfläche besteht im Wesentlichen aus freigelegten Fasern. Bei der XPS Messung wird somit vor der Laserbearbeitung eine gemischte Oberfläche aus Epoxidmatrix und Kohlenstofffasern analysiert, nach der Laserbearbeitung hingegen eine Oberfläche, die im Wesentlichen aus reinen Kohlenstofffasern besteht. Die Epoxidmatrix verfügt dabei über einen hohen Anteil an Sauerstoff, wie aus der Strukturformel zu erkennen ist [13, S. 1176f.]. Dies erklärt den deutlichen Abfall der Sauerstoffkonzentration nach der Laserbearbeitung, da durch die Laserbearbeitung ein Großteil der oberflächlichen Epoxidmatrix entfernt wird. Die Zunahme der Kohlenstoffkonzentration erklärt sich analog dazu.

Der aus Abbildung 5.21 hergeleitete Zusammenhang von Pulsenergie und Kohlenstoff- bzw. Sauerstoffkonzentration erschließt sich ebenfalls im Kontext dieser Erklärung. Durch einen Anstieg der Pulsenergie steigt die lokale Temperatur in der Bearbeitungszone jedes Laserpulses, was zu einer erhöhten Sublimation der Epoxidmatrix führen sollte. Dadurch lässt sich wiederum die Veränderung der Elementkonzentrationen erklären. Das dieser Zusammenhang nicht für die Erhöhung der Pulswiederholfrequenz gilt, ergibt sich aus der Herleitung der Prozessparameter durch die Modelle zur Homogenisierung der Prozesstemperatur. Diese stellen sicher, dass eine Erhöhung der Pulswiederholfrequenz gerade nicht zu einer Erhöhung der Prozesstemperatur führt.

Schlussfolgerung aus der chemischen Analyse

Die chemische Analyse der laserbearbeiteten Proben mittels Röntgenphotoelektronenspektroskopie konnte zeigen, dass eine Veränderung der chemischen Zusammensetzung der Oberfläche durch die Laserbearbeitung erfolgt. Eine Anlagerung funktioneller Gruppen konnte in diesem Zusammenhang aufgrund der Auflösung des Messverfahrens nicht nachgewiesen werden. Vielmehr zeigt sich, dass die XPS Ergebnisse einen Erkenntnisgewinn in Kombination mit der optischen Analyse liefern: Die Mikroskopaufnahmen - insbesondere die zweidimensionalen Aufnahmen - konnten keine deutlich erkennbaren Unterschiede hinsichtlich der Faserfreilegung zwischen den einzelnen Parametern herausstellen. Durch die XPS Messungen und den ermittelten Zusammenhang von Pulsenergie und Elementkonzentration von Sauerstoff, bzw. Kohlenstoff, konnte jedoch gezeigt werden, dass die Pulsenergie einen klaren Effekt auf die Freilegung der Fasern und das Entfernen der Epoxidmatrix hat. Ausgehend von dem Ziel, die Fasern möglichst gut freizulegen und möglichst viel der oberflächlichen Matrix zu entfernen, sprechen die XPS Ergebnisse für eine möglichst hohe Pulsenergie. In Kombination mit dem Ziel eines wirtschaftlichen Prozesses ergibt sich somit auch aus chemischen Analyse die Wahl von LP7 (höchste Pulsenergie, höchste Pulswiederholfrequenz und höchste Oberflächenrate) als Vorzugsparameter und unterstreicht damit das Ergebnis der optischen Analyse.

5.3.3 Mechanische Prüfung

Die Abbildung 5.22 zeigt die Zugfestigkeiten der in Abbildung 5.15 dargestellten Proben, für die eine Klebflächenvorbereitung mittels der in Tabelle 5.6 aufgeführten Laserparameter durchgeführt wurde. Darüber hinaus ist eine Referenz (Ref) dargestellt, die als Klebflächenvorbereitung mit Isopropanol gereinigt wurde[6]. Die Spannung wurde dabei entgegen der Norm über die tatsächliche Klebfläche berechnet. Für jeden Laserparameter wurden acht bis neun Proben getestet, für die Referenzbearbeitung wurden insgesamt 18 Proben getestet.

Der Abbildung ist zu entnehmen, dass - bezogen auf die Mittelwerte, welche als Raute im Diagramm dargestellt sind - ein leichter Anstieg der Zugfestigkeit für alle Laserparameter vorliegt. Die Steigerung der Festigkeit liegt dabei im Bereich von ca. 2 % bis 8 %.

Neben der Versagenslast spielt auch die Versagensart eine essentielle Rolle für die Qualität einer Klebverbindung und wird daher auch von der in Abschnitt 4.2 formulierten Forschungshypothese der vorliegenden Arbeit umfasst. Die Abbildung 5.23 stellt zwei repräsentative Bruchflächen dar, wobei es sich bei der oberen Probe um eine Referenzprobe und bei der unteren Probe um eine mit LP6 bearbeitete Probe

---

[6]Hinweis: Die Bezeichnung der LP in [72] stimmt nicht mit Tabelle 5.6 überein.

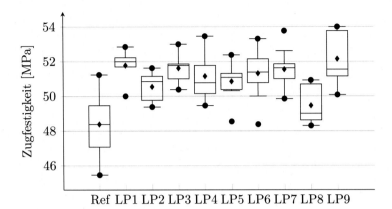

Abbildung 5.22: Zugfestigkeiten der untersuchten Klebflächenvorbereitungen, Werte aus [72]

handelt. Links ist dabei jeweils das Primärlaminat und rechts das Reparaturlaminat dargestellt. Bei dem gelben Material auf den Bruchflächen handelt es sich um den Klebfilm. Sowohl bei der Referenzprobe als auch bei der laserbearbeiteten Probe ist zu erkennen, dass es sich um keine vollständig eindeutige Versagensart handelt. Allerdings ist ein deutlicher Unterschied zwischen den Proben feststellbar. Aus der Aufnahme der Referenzprobe geht hervor, dass ein Großteil des Klebfilms auf dem Reparaturlaminat vorhanden ist und somit ein im Wesentlichen adhäsives Versagen zwischen Klebfilm und Primärlaminat vorliegt. Die Aufnahme der laserbearbeiteten Probe stellt hingegen dar, dass in vielen Bereichen der Probe Reste des Klebfilms sowohl auf dem Primär- als auch auf dem Reparaturlaminat vorhanden sind und somit ein kohäsives Versagen vorliegt. Daneben liegen Bereiche vor, bei denen der gesamte Klebfilm auf dem Primärlaminat vorliegt und somit ein adhäsives Versagen zwischen Klebfilm und Reparaturlaminat vorliegt. Die Anbindung des Klebfilms an das Primärlaminat konnte somit durch die laserbasierte Klebflächenvorbereitung so weit verbessert werden, dass kein adhäsives Versagen zwischen Klebfilm und Primärlaminat mehr auftritt.

Schlussfolgerung aus der mechanischen Prüfung

Die mechanische Prüfung geschäfteter und mittels des entwickelten Laserprozesses bearbeiteter Proben hat ergeben, dass sich sowohl die Versagenslast als auch die Versagensart durch die Laserbearbeitung einstellen lassen. Für alle untersuchten Laserparameter lag eine leichte Steigerung der Festigkeit gegenüber der Referenzmessung vor. Zudem konnte die Versagensart durch die Laserbearbeitung von im Wesentlichen adhäsivem Versagen zwischen Klebfilm und Primärlaminat bei der Referenzprobe zu teils kohäsivem Versagen im Klebfilm und teils adhäsivem Versagen auf Seite des Reparaturlaminats verändert werden. Dies stellt eine wesentliche Verbesserung dar, da durch ein kohäsives Versagen die Auslegung einer Klebverbindung ermöglicht wird. Da es sich bei der Verbindung des Klebfilms und des Reparaturlaminats um ein *Co-Bonding* Prozess handelt, wird erwartet, dass sich

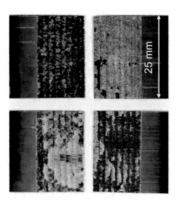

Abbildung 5.23: Bruchflächenanalyse einer Referenzprobe (oben) und einer mittels LP6 bearbeiteten Probe [72]

dieser so weit verbessern lässt, dass nach der Laserbearbeitung ein vollständig kohäsives Versagen vorliegt.

Der in den vorangegangenen Abschnitten ausgewählte Parameter LP7 führt zu einer Steigerung des Mittelwertes der Festigkeit um 6,5 % und liegt damit am oberen Ende der erzielten Festigkeitssteigerungen. Da kein anderer Parameter zu signifikant besseren Ergebnissen geführt hat, kann die Auswahl als Vorzugsparameter auch nach Abschluss der mechanischen Prüfung bestehen bleiben.

5.3.4 Diskussion

Nach der abgeschlossenen Evaluation aller betrachteten Analyseverfahren werden die einzelnen Ergebnisse im Folgenden gegenübergestellt und die empirische Prozessentwicklung abschließend bewertet.

Im Rahmen der empirischen Prozessentwicklung wurden Modelle zur Prozesstemperaturhomogenisierung entwickelt, die eine neuartige Beschreibung von Laserprozessen ermöglichen und neben den klassischen Prozessparametern das thermische Verhalten des Prozesses beschreibbar und kontrollierbar machen. Dies deckt einen Teil des in Abschnitt 4.1 erläuterten Forschungsbedarfs F1 (Prozessbeschreibung und Prozessstrategie) ab. Die Modelle erlauben speziell für die Prozessentwicklung eine signifikante Reduktion der Faktoren und damit eine effiziente Versuchsplanung und Versuchsdurchführung.

Die optische Analyse der Proben hat gezeigt, dass mit den entwickelten Prozessparametern ein Freilegen der Fasern im Sinne der in der vorliegenden Arbeit betrachteten Aktivierung möglich ist. Darüber hinaus konnte die Bedeutung einer dreidimensionalen Betrachtungsweise der Oberfläche herausgestellt werden und damit der Forschungsbedarf F2 (Evaluierung der optischen Charakterisierung) beantwortet werden. Da gezeigt werden konnte, dass mit allen untersuchten Parametern eine

Freilegung der Fasern erfolgte, wird daraus geschlossen, dass auch der Aspekt der Reinigung der Oberfläche damit positiv zu bewerten ist. Da über die gesamte Oberfläche die Matrix sublimiert werden konnte, wird davon ausgegangen, dass auch mögliche Verunreinigungen mit der Matrix gemeinsam abgetragen werden oder - bei einem direkten Vorliegen der Verschmutzung auf der Faser - die Prozesstemperatur ausreicht, um die Verschmutzung direkt zu verdampfen bzw. zu sublimieren. Ein weiterer Aspekt der optischen Analyse ist die Tiefenwirkung des Prozesses, die jedoch auch mittels LSM nicht bewertet werden kann. Zur Verdeutlichung sind in Abbildung 5.24 Aufnahmen einer mit LP4 bearbeiteten Probe dargestellt, die mittels Ionenstrahlung getrennt und mittels REM aufgenommen wurden. Die Aufnahmen wurden mit freundlicher Genehmigung durch Dr. Jens Holtmannspötter, Wehrwissenschaftliches Institut für Werk- und Betriebsstoffe (WIWeB), bereitgestellt. Der Abbildung ist zu entnehmen, dass es Bereiche gibt, in denen die Fasern vollständig freigelegt sind (linkes Bild, oben rechts), es allerdings auch harzreiche Regionen geben kann (detailliert im rechten Bild dargestellt), in denen das Freilegen nicht erfolgreich stattfindet. Anstelle eines Freilegens kommt es in diesen Regionen zu einem Ablösen der Matrix von den Fasern, wobei die Matrix auf der Oberfläche verbleibt und weiterhin mit dem restlichen Material verbunden ist. Dieses Verhalten ist durch die bereits zuvor erläuterte Transparenz des Matrixwerkstoffes bei der eingesetzten Laserwellenlänge erklärbar. Die einfallende Laserstrahlung wird im Regelfall von den Fasern absorbiert, welche sich aufheizen und es so zur Sublimation der Matrix kommt. Ist die Matrixschicht oberhalb der Fasern dabei jedoch zu stark, reicht die Temperatur der Fasern nicht aus, um das gesamte Material oberhalb der Faser zu sublimieren und es kommt lediglich zu einer Sublimation der Matrix im Umfeld der Faser. Die Auswirkungen dieser möglichen Fehlstellen wurden im Rahmen der vorliegenden Arbeit nicht weiter untersucht, sollten aber in zukünftigen Arbeiten hinsichtlich ihrer Auftretenswahrscheinlichkeit und Auswirkungen auf statische und dynamische Festigkeiten umfassend evaluiert werden.

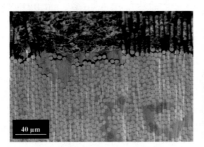 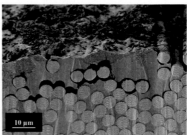

Abbildung 5.24: Ionenschnittaufnahme einer mit LP4 bearbeiteten Probe

Aus der chemischen Analyse der Proben geht hervor, dass die Pulsenergie der maßgebliche Faktor für den Grad der Freilegung ist. Eine Anlagerung funktioneller Gruppen ließ sich aufgrund der Messauflösung der XPS Untersuchungen nicht nachweisen. Um eine Anlagerung funktioneller Gruppen detailliert bewerten zu können, müssten spezielle, hochauflösende XPS Messgeräte eingesetzt werden, deren Messbereich kleiner als der Faserdurchmesser ist und die eine Messung ausschließlich auf einer Faseroberfläche durchführen können.

Die mechanische Analyse der verklebten Probekörper hat ergeben, dass sich durch die laserbasierte Klebflächenvorbereitung die Versagenslast steigern und die Versagensart weitgehend einstellen lassen. Dabei wurde ein anwendungsrelevanter Testfall nach DIN EN 6066 gewählt und der Forschungsbedarf F3 (Anpassung der mechanischen Prüfung) damit beantwortet. Durch die Erreichung eines zumindest teilweise auftretenden kohäsiven Versagens wurde ein wichtiger Schritt auf dem Weg für eine spätere Zulassung der Oberflächenvorbereitung im Luftfahrtumfeld erreicht, da dieser Versagensmechanismus die Klebverbindung berechenbar macht. Die Erreichung eines vollständigen kohäsiven Versagens sollte durch eine Anpassung des *Co-Bonding* Prozesses möglich sein.

Insgesamt zeigt die Betrachtung der Analyseverfahren, dass zur Erzielung eines umfassenden Prozessverständnisses die Kombination mehrerer Messverfahren notwendig ist. So konnte bspw. durch den Einsatz der Laser-Scanning Mikroskopie die Rasterelektronenmikroskopie um wichtige dreidimensionale Erkenntnisse erweitert werden. Zudem konnte der durch eine rein optische Betrachtung nicht zu bewertende Effekt des Faktors Pulsenergie durch die chemische Untersuchung ermittelt werden. Die mechanischen Prüfungen haben schließlich ergeben, dass die beobachtete Freilegung der Fasern einen positiven Effekt auf die Versagenslast und Versagensart haben. Dabei ist allerdings weder ein Zusammenhang zwischen den Faktoren noch zwischen den optischen oder chemischen Ergebnissen und der mechanische Festigkeit feststellbar. Da auch die Anlagerung funktioneller Gruppen nicht durch die XPS Messungen bewertet werden konnte, kann die Verbesserung der Klebfestigkeit und die Veränderung der Versagensart aus den vorliegenden Ergebnissen nur durch eine Verbesserung der mechanischen Adhäsion durch eine Vergrößerung der Oberfläche erklärt werden. Somit kann die Faserfreilegung als notwendige Voraussetzung für die Erreichung der erzielten Festigkeiten gesehen werden, eine mechanische Überprüfung des Prozessergebnisses bleibt jedoch in jedem Fall notwendig.

Durch die in diesem Kapitel dargestellte empirische Prozessentwicklung konnte die in Abschnitt 4.2 formulierte Forschungshypothese zumindest für einfache, zweidimensionale Geometrien bestätigt werden. Eine weitergehende Untersuchung der Forschungshypothese wird im nachfolgenden Kapitel vorgenommen.

6 Thermische Simulation des Aktivierungsprozesses

Das folgende Kapitel befasst sich mit der Modellierung und Simulation des Aktivierungsprozesses. Dies entspricht dem in Abschnitt 4.3.1 dargestellten zweiten Schritt des Vorgehens zur Prozessentwicklung im Rahmen dieser Arbeit und dient zur Übertragung der Ergebnisse aus der empirischen Prozessentwicklung auf komplexere Geometrien.

Das in Abschnitt 5.1 hergeleitete Modell zur Homogenisierung der Prozesstemperatur bei der Aktivierung wurde für rechteckige Geometrien entwickelt. Reale Reparaturgeometrien verfügen jedoch typischerweise über frei gekrümmte Außenkonturen, sodass bei der Bearbeitung der Randbereiche die aus dem Modell zur Homogenisierung berechneten Parameterkombinationen nicht mehr anwendbar sind, da es in diesen Bereichen geometriebedingt zu einer Temperaturüberhöhung kommen würde. Mittels Simulation soll es daher ermöglicht werden, für beliebige Geometrien eine angepasste Bearbeitungsstrategie berechnen zu können und nicht den Weg über aufwendige Experimente gehen zu müssen. Neben den Randbereichen stellt sich auch bei aneinander liegenden Bereichen der Aktivierung die Frage, inwieweit ein Überlapp zur Sicherstellung einer gleichmäßigen Aktivierung notwendig ist. Werden zwei Bereiche überlappt, muss die thermische Wechselwirkung der zwei Bereiche ebenfalls untersucht werden, da nicht notwendigerweise eine Bearbeitung ausgehend von der Umgebungstemperatur erfolgt. Zur Beantwortung dieser Fragestellung im Rahmen einer virtuellen Prozessentwicklung wird im ersten Abschnitt zunächst die Modellbildung erläutert und im zweiten Abschnitt die Untersuchung von Überlappungsbereichen diskutiert. Anschließend erfolgt eine detaillierte Betrachtung der Prozesssteuerung in gekrümmten Randbereichen.

6.1 Modellbildung

Im folgenden Abschnitt wird zunächst die für die Simulation notwendige Messung von Stoffwerten für das verwendete Materialsystem dargelegt. Anschließend werden einzelne zentrale Aspekte des Simulationsmodells hergeleitet, welche im folgenden Schritt zum Gesamtmodell zusammengeführt werden. Das so hergeleitete analytische Modell wird daraufhin in eine numerische Simulationsumgebung implementiert, hinsichtlich numerischer Eigenschaften untersucht und abschließend mittels Thermographiemessungen kalibriert, sodass es zur Untersuchung der in diesem Kapitel betrachteten Fragestellungen verwendet werden kann.

6.1.1 Messung der Stoffwerte

Als Grundlage des Simulationsmodells ist die Kenntnis der zur Lösung der Wärmeleitungsgleichung notwendigen Stoffwerte erforderlich. Da diese oft nicht oder nur teilweise vom Hersteller zur Verfügung gestellt werden und auch innerhalb der wissenschaftlichen Veröffentlichungen stark streuen, wird im Rahmen der vorliegenden Arbeit eine vollständige Vermessung des untersuchten Materialsystems vorgenommen.

Bei den zur Lösung der Wärmeleitungsgleichung benötigten Stoffwerten handelt es sich um die Wärmeleitfähigkeiten $\tilde{\lambda}_i$ in allen Raumrichtungen, die Wärmekapazität c_p sowie die Dichte ρ. Jede dieser Größen wird mit einem eignen Messerfahren bestimmt. Es wird im Folgenden unter der Annahme konstanter Stoffwerte gearbeitet.

Die Stoffwerte für die Dichte und die Wärmekapazität sowie das Messgerät für die Bestimmung der Wärmeleitfähigkeiten wurden freundlicherweise durch das Institut für Kunststoffe und Verbundwerkstoffe der TU Hamburg zur Verfügung gestellt. Die Messung der Dichte erfolgte durch Wägung mittels einer Feinwaage und Anwendung des Archimedischen Prinzips. Die Messung der Wärmekapazität erfolgte durch die Wärmestromdifferenzkalorimetrie (DSC, *differential scanning calorimetry*).

Auf Basis der DSC Messungen sowie der Dichtemessung wird eine Untersuchung der Temperaturleitfähigkeit mittels Xenon Flash Analyse durchgeführt. Dafür kommt ein XFA 600 der Firma Linseis Messgeraete GmbH zum Einsatz. Abbildung 6.1 zeigt beispielhaft eine schematische Abbildung eines Laser Flash Messgeräts des gleichen Herstellers, bei dem lediglich als Quelle ein Laser anstatt einer Xenon-Lampe eingesetzt wird. Das Messprinzip beruht darauf, dass die Unterseite einer dünnen Probe mittels eines Lichtblitzes erwärmt wird und die Erwärmung der Oberseite der Probe über einen Detektor gemessen wird. Aus dem zeitlichen Verlauf sowie der Probengeometrie lässt sich so die Temperaturleitfähigkeit bestimmen [73].

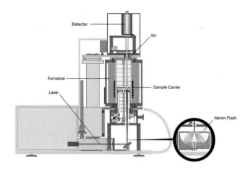

Abbildung 6.1: Schematische Darstellung eines Laser Flash Messgeräts [74]

Aufgrund der Anisotropie des Materialsystems ist die Temperaturleitfähigkeit a richtungsabhängig und es wird zwischen der Temperaturleitfähigkeit a_x in Faserrichtung, a_y quer zur Faserrichtung innerhalb einer Lage des Laminats und a_z in Normalenrichtung einer Lage des Laminats unterschieden. Zur Messung der Temperaturleitfähigkeit in allen drei Raumrichtungen wird daher eine würfelförmige Probe aus dem zu untersuchenden Materialsystem gefertigt, aus der quadratische Scheiben in allen drei Raumrichtungen herausgetrennt und im Messgerät untersucht werden. Die Messung der Temperaturleitfähigkeit erfolgt bei Raumtemperatur.

Die Umrechnung der gemessenen Temperaturleitfähigkeit in die Wärmeleitfähigkeit erfolgt nach [63, S. 24] unter Annahme konstanter Stoffwerte über

$$\tilde{\lambda} = a\rho c. \tag{6.1}$$

Die gemessenen Stoffwerte sind in Tabelle 6.1 dargestellt.

Tabelle 6.1: Ermittelte Stoffwerte des untersuchten Materialsystems M21-T800S

Größe	Wert
$\tilde{\lambda}_x$	7,755 W/(mK)
$\tilde{\lambda}_y$	0,918 W/(mK)
$\tilde{\lambda}_z$	0,723 W/(mK)
c_p	0,918 J/(gK)
ρ	1,563 g cm^{-3}

6.1.2 Modellierung der Laserstrahlquelle

Bei den im vorliegenden Kapitel untersuchten Fragestellungen - der Bearbeitung von Randbereichen sowie der Überlappung von Bereichen - handelt es sich um makroskopische thermische Effekte, die durch die Wechselwirkung des Lasers mit dem Materialsystem entstehen. Wie in Abschnitt 4.3.2 beschrieben, wird dafür ein Nanosekunden-gepulster Faserlaser mit einem gaußförmigen Intensitätsprofil eingesetzt. Ziel der Simulation ist es, die makroskopischen Effekte abzubilden. Dafür wird im Folgenden beschrieben, wie die Charakteristika des Lasers in ein Simulationsmodell überführt werden können.

Die eingesetzte Laserstrahlquelle emittiert Laserpulse im Nanosekundenbereich mit einer Pulswiederholfrequenz in der Größenordnung von 100 kHz. Da das Ziel der Simulation eine Vorhersage des realen Bearbeitungsprozesses ist, müssen Prozesszeiten im Sekunden- bis Minutenbereich mit der Simulation abbildbar sein. Soll dabei das reale Betriebsverhalten des Lasers berücksichtigt werden, wäre eine zeitliche Diskretisierung mit Schrittweiten $< 10^{-9}$ s notwendig. Dies würde bei den angestrebten Simulationszeiträumen und der Tatsache, dass in jedem Zeitschritt ein FEM-Problem zu lösen ist, zu unrealistisch großen Berechnungsdauern führen. Es muss daher untersucht werden, wie die Laserstrahlquelle in das Modell integriert werden kann, sodass die Simulation in realistischen Zeiträumen ermöglicht wird.

Da die Simulation nicht eine Modellierung einzelner Laserpulse in der Größenordnung von 10^{-9} s oder Phasenumwandlungen innerhalb dieser Wechselwirkungszeit umfassen soll, sondern vielmehr die Temperaturverteilung durch die eingebrachte Laserleistung simuliert werden soll, wird im Folgenden untersucht, ob die Laserstrahlquelle als als eine zeitlich gemittelte Größe modelliert werden kann. Dafür wird noch einmal das Modell zur Prozesstemperaturhomogenisierung aus Abschnitt 5.1 betrachtet. In dem Teilmodell zur Entwicklung der Prozesstemperatur in Scanrichtung wird ein Zusammenhang zwischen den Größen Pulswiederholfrequenz f, Pulsenergie E_p und der Scangeschwindigkeit v_s hergeleitet. Dieser gibt für jede Kombination aus Pulswiederholfrequenz und Pulsenergie eine Scangeschwindigkeit an, die zu einer homogenen Prozesstemperatur entlang der Trajektorie führt. Bei der Herleitung dieses Zusammenhangs wurden die Pulswiederholfrequenz und die Pulsenergie als getrennte Größen betrachtet, da sie einzeln einstellbar sind. Die beiden Größen werden jedoch bei gepulsten Lasersystemen im Produkt auch als mittlere Leistung P_m definiert, es gilt nach [45, S. 57]

$$P_m = E_p \cdot f. \tag{6.2}$$

Die getrennte Betrachtung von Pulsenergie und Pulswiederholfrequenz ist typischer Weise auch korrekt, da verschiedene Kombinationen der Größen mit gleicher mittlerer Leistung durchaus verschiedene Resultate erzielen können. Es soll an dieser Stelle jedoch trotzdem untersucht werden, ob in gewissen Grenzen eine Modellierung auf Basis der mittleren Leistung möglich ist. Dafür wird das Prozessmodell in Scanrichtung nach Gleichung 5.4 für Pulsenergien zwischen 30 % und 80 % der maximalen Pulsenergie und für die Pulsfrequenzen 100 kHz, 150 kHz, 200 kHz, 250 kHz und 300 kHz ausgewertet. In Abbildung 6.2 ist die so berechnete Scangeschwindigkeit über der sich aus der Pulsenergie und Pulswiederholfrequenz ergebenden mittleren Leistung sowie eine Ausgleichsgerade dargestellt.

Nach Gleichung 5.4 ist das Prozessmodell linear in den Faktoren Pulswiederholfrequenz und Pulsenergie. Die Abbildung 6.2 zeigt nun, dass für große Teile des betrachteten Leistungsbereichs des Laser der Zusammenhang des Prozessmodells gut durch die mittlere Leistung approximiert werden kann. Aufgrund dieser Beobachtung wird für die Simulation des makroskopischen Temperaturfeldes der Laser als kontinuierliche Strahlquelle mit dem Parameter mittlere Leistung modelliert und so eine Möglichkeit geschaffen, in akzeptablen Rechenzeiten das makroskopische Prozessverhalten zu simulieren.

Neben dem zeitlichen Betriebsverhalten der Laserstrahlquelle ist auch die räumliche Intensitätsverteilung des Lasers bei der Modellbildung zu berücksichtigen. Abbildung 4.3 zeigt die gaußförmige Intensitätsverteilung des eingesetzten Lasers. Die Intensitätsverteilung f_I lässt sich in Vektorschreibweise durch

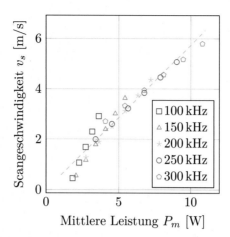

Abbildung 6.2: Scangeschwindigkeit lt. Homogenisierungsmodell für verschiedene mittlere Leistungen

$$f_I(\mathbf{O}, \mathbf{e}) = \frac{1}{2\pi w_0^2} \exp(-\frac{d^2}{2w_0^2}) \tag{6.3}$$

darstellen, wobei

$$d = \frac{\|\mathbf{e} \times (\mathbf{x} - \mathbf{O})\|}{\|\mathbf{e}\|}. \tag{6.4}$$

Dabei bezeichnet $\mathbf{O}$ den Ursprung des Laserstrahls (in unserem Fall den Scanner), $\mathbf{e}$ den Richtungsvektor des Laserstrahls und $\mathbf{x}$ die räumliche Koordinate. Mit der eingebrachten Laserleistung P_l kann damit die Laserstrahlung durch

$$-\mathbf{n} \cdot \mathbf{q} = P_l \cdot f_I(\mathbf{O}, \mathbf{e}) \frac{|\mathbf{e} \cdot \mathbf{n}|}{\|\mathbf{e}\|} \tag{6.5}$$

als Randbedingung formuliert werden.

6.1.3 Optisches Modell der Absorption an der Oberfläche

Bei der Simulation der Wechselwirkung von Laserstrahlung und Material müssen die Effekte Absorption, Transmission und Reflexion berücksichtigt werden, wobei nach [63, S. 170] der Zusammenhang

$$\alpha + \tau + \gamma = 1 \tag{6.6}$$

zwischen dem Absorptionsgrad α, dem Transmissionsgrad τ und dem Reflexionsgrad γ gilt.

In der Arbeit von M. Canisius [75] wurde für ein zu dem in der vorliegenden Arbeit verwendeten vergleichbares CFK Laminat bei einer Wellenlänge von 1060 nm eine Reflexion von 3,7 % gemessen. Da aufgrund der guten Absorption der Fasern die Transmission des Materialsystems vernachlässigt werden kann, werden die restlichen 96,3 % der eingebrachten Strahlleistung als absorbiert angenommen. Der absorbierte Teil der eingebrachten Strahlleistung wird über den Koeffizienten $\alpha = 0,963$ in der Berechnung berücksichtigt.

6.1.4 Herleitung des analytischen Gesamtmodells

Im Folgenden wird das analytische Gesamtmodell unter Berücksichtigung der zuvor angesprochenen Teilaspekte hergeleitet. Ziel ist es, die Temperatur $\vartheta = \vartheta(x, y, z, t)$ für jeden Punkt des Laminats während der Aktivierung berechnen zu können. Bei der betrachteten Geometrie handelt es sich entsprechend der verwendeten Proben um einen plattenförmigen Körper.

Modellgleichung

Ausgangspunkt der Modellgleichung ist die allgemeine instationäre Wärmeleitungsgleichung in kartesischen Koordinaten, die (mit angepasster Notation) durch

$$\rho c \frac{\partial \vartheta}{\partial t} = \frac{\partial}{\partial x} \left(\lambda_x \frac{\partial \vartheta}{\partial x} \right) + \frac{\partial}{\partial y} \left(\lambda_y \frac{\partial \vartheta}{\partial y} \right) + \frac{\partial}{\partial z} \left(\lambda_z \frac{\partial \vartheta}{\partial z} \right) + \dot{W} \qquad (6.7)$$

gegeben ist [76, S. 15]. Diese Gleichung gilt für orthotrope Materialien mit diagonaler Wärmeleitungsmatrix, wie es bei dem untersuchten Materialsystem der Fall ist. In dem betrachteten Körper selbst gibt es zunächst keine inneren Wärmequellen, sodass der Term $\dot{W} = 0$ gesetzt werden kann. Mit der weiteren Annahme konstanter Stoffwerte ergibt sich die Modellgleichung zu

$$\rho c \frac{\partial \vartheta}{\partial t} = \lambda_x \frac{\partial^2 \vartheta}{\partial x^2} + \lambda_y \frac{\partial^2 \vartheta}{\partial y^2} + \lambda_z \frac{\partial^2 \vartheta}{\partial z^2}. \qquad (6.8)$$

Anfangs- und Randbedingungen

Neben der Modellgleichung müssen zur Beschreibung des Wärmeleitungsproblems die Anfangs- und Randbedingungen definiert werden [77, S. 128]. Als Anfangsbedingung wird vorgeschrieben, dass sich das Laminat bei Raumtemperatur befindet, d.h.

$$\vartheta(x, y, z, 0) = \vartheta_0 = 293{,}15\,\text{K}. \tag{6.9}$$

Als örtliche Randbedingung wird auf allen Außenflächen des Laminats mit Ausnahme der von dem Laser bearbeiteten Oberfläche die Randbedingung 2. Art

$$- \mathbf{n} \cdot \mathbf{q} = 0 \tag{6.10}$$

gesetzt. Dies besagt, dass der Wärmefluss über den Rand Null ist, d.h. keine Temperaturänderung über den Rand vorliegt. Diese Randbedingung wird deshalb gewählt, da die Laserbearbeitung weit genug vom Rand entfernt ist und so ein Abklingen der Temperatur ermöglicht wird. Würde dagegen die Temperatur am Rand vorgegeben werden, würde ein allgemeiner Anstieg des Temperaturniveaus von vorn herein ausgeschlossen werden, wofür es keinen Grund zur Annahme gibt.

Auf der mittels Laser bearbeiteten Seite werden zwei verschiedene Randbedingungen kombiniert. Zum einen wird die Randbedingung nach Gleichung 6.5 für den Laser als bewegte Randbedingung vorgegeben. Zum anderen wird über die zweite Randbedingung

$$- \mathbf{n} \cdot \mathbf{q} = \varepsilon\sigma \left(\vartheta_0^4 - \vartheta^4\right) \tag{6.11}$$

die Wärmestrahlung, die von der Oberfläche ausgeht, als Verlustterm berücksichtigt. Dabei wird der Emissionsgrad ε nach [75, S. 128] mit $\varepsilon = 0{,}888$ angenommen. Die Wärmestrahlung wird nur auf der vom Laser bearbeiteten Seite als Randbedingung angewendet, da es sich bei dem Aktivierungsprozess um einen reinen Oberflächenprozess handelt und nur dort die Temperatur signifikant über der Umgebungstemperatur liegt.

Mit den so definierten Anfangs- und Randbedingungen ist das Modell vollständig beschrieben und kann zur numerischen Simulation genutzt werden, welche im folgenden Abschnitt erläutert wird.

6.1.5 Numerische Simulation und Analyse des Gesamtmodells

Im folgenden Abschnitt wird die Implementierung des zuvor entwickelten Modells in einer numerischen Simulationssoftware erläutert und das Modell hinsichtlich räumlicher und zeitlicher Konvergenz untersucht.

Simulationsumgebung und Modellaufbau

Die Implementierung des Modells erfolgt in der Software COMSOL Multiphysics 5.3 der Firma COMSOL AB[1]. Die Software erlaubt die Implementierung komplexer multiphysikalischer Probleme und bietet eine einfache Schnittstelle zur Software MATLAB der Firma The MathWorks, Inc.[2], welche zur Simulationssteuerung und Datenauswertung genutzt wird.

Für den Aufbau des Simulationsmodells stellt sich zu Beginn die Frage, ob eine vollständige dreidimensionale Modellierung notwendig oder eine reduzierte Betrachtung in 2D möglich ist. Bei der untersuchten Oberflächenaktivierung handelt es sich um einen Oberflächenprozess, der nur wenige Faserlagen tief mit dem Material interagiert. Dies ergibt sich zum einen aus den Analysen des bearbeiteten Materials mittels Rasterelektronenmikroskopie (siehe Kap. 5), zum anderen lässt sich nach [45, S. 398] die thermische Eindringtiefe über

$$d_{th} \approx \sqrt{4 \frac{\lambda_z t_p}{c\rho}} \tag{6.12}$$

abschätzen. Mit den zuvor dargestellten Materialwerten ergibt sich so eine thermische Eindringtiefe in der Größenordnung von 1×10^{-8} m. Auch wenn die beobachtete Eindringtiefe wenige Faserlagen beträgt und damit in der Größenordnung von $10\,\mu$m liegt, ist die Wirkungstiefe klein gegenüber typischen Laminatstärken von wenigen Millimetern und es kann keine Annahme eines 2D Modells zugrunde gelegt werden. Aus diesem Grund muss eine vollständige Modellierung als 3D Modell erfolgen, um auch Effekte wie die Wärmeleitung in z-Richtung berücksichtigen zu können.

Ein weiteres wesentliches Element bei der numerischen Simulation stellt die Implementierung der Laserstrahlung dar. Bei der im Rahmen dieser Arbeit eingesetzten Simulationsumgebung erfolgt die Implementierung über die Randbedingung „Eingebrachte Strahlleistung", wobei ein gaußförmige Intensitätsprofil angenommen wird. Die Steuerung des Lasers wird mittels MATLAB-Funktionen implementiert, welche durch COMSOL in jedem Zeitschritt aufgerufen werden. So lassen sich komplexe Geometrien und Ein- bzw. Ausschaltzeiten des Lasers realisieren. Der Strahldurchmesser des Lasers wird im Rahmen der folgenden Simulationen bewusst größer als im realen Aufbau angenommen. Dies ist dadurch begründet, dass zum einen für die betrachteten Fragestellungen lediglich makroskopische Effekte der Wärmeleitung relevant sind, zum anderen die Validierung der Simulation mittels Thermographie erfolgen soll, deren Auflösung oberhalb des realen Strahldurchmessers liegt und so eine feinere Modellierung nicht technisch überprüfbar wäre. Der wesentliche Vorteil dieses Ansatzes liegt in den dadurch ermöglichten größeren Elementen. Dies wird im folgenden Unterabschnitt detailliert untersucht.

---

[1]COMSOL AB, Tegnérgatan 23, SE-111 40 Stockholm, Schweden
[2]1 Apple Hill Drive, Natick, MA 01760-2098

Als Laserparameter wird für alle nachfolgenden Untersuchungen beispielhaft der Laserparameter LP4 ausgewählt, der über eine mittlere Leistung von 3,6 W verfügt.

Räumliche Diskretisierung

Die Diskretisierung des Modells erfolgt durch Tetraeder-Elemente zweiter Ordnung, welche durch den in COMSOL enthaltenen Netzgenerator erstellt werden. Zur Untersuchung der Gitterkonvergenz wird eine Netzverfeinerungsstudie mit den in Tabelle 6.2 dargestellten Parametern durchgeführt. Dabei wird eine einzelne Trajektorie entlang der x-Richtung (und damit der Faserrichtung) belichtet. Abbildung 6.3 zeigt das untersuchte Modell mit dem verwendeten Rechengitter und einem beispielhaften Simulationsergebnis.

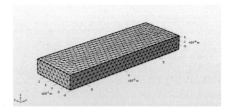

(a) Rechengitter des Testkörpers zur Konvergenzuntersuchung

(b) Simulationsergebnis mit einer Elementgröße von 500 μm

Abbildung 6.3: Modell der Netzverfeinerungsstudie

Die zeitliche Diskretisierung wird bei der Netzverfeinerungsstudie mit 50 Zeitschritten bewusst fein gewählt, um keine unerwünschten Effekte durch eine zu grobe zeitliche Diskretisierung zu erzeugen. Eine genauere Untersuchung der zeitlichen Diskretisierung erfolgt im folgenden Unterabschnitt.

Tabelle 6.2: Übersicht der Parameter der Netzverfeinerungsstudie

Parameter	Bezeichnung	Wert
L_x	Abmessung in x-Richtung	15 mm
L_y	Abmessung in y-Richtung	5 mm
L_z	Abmessung in z-Richtung	1,5 mm
v_s	Scangeschwindigkeit	$1\,\mathrm{m\,s^{-1}}$
l	Länge der Trajektorie	12 mm
P_m	Mittlere Laserleistung	3,6 W
w_0	Strahlradius	1250 μm
n	Anzahl der Zeitschritte	50
t_{int}	Integrationszeit	12 ms

Abbildung 6.4 zeigt das Ergebnis der durchgeführten Netzverfeinerungsstudie. Die Abbildung zeigt die maximale Temperatur in jedem Zeitschritt für verschiedene Rechengitter mit einer maximalen Elementgröße von 500 μm bis 1000 μm.

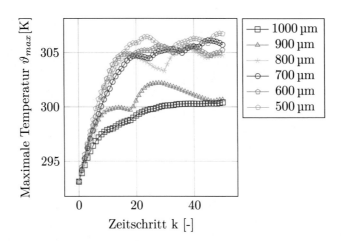

Abbildung 6.4: Entwicklung der Temperatur für verschiedene Rechengitter

Es zeigt sich deutlich eine anfängliche Veränderung des Ergebnisses bei einer Verfeinerung auf Elementgrößen kleiner 1000 μm. Im Bereich der Elementgrößen von 500 μm bis 700 μm stellt sich keine signifikante Änderung des Ergebnisses bei einer weiteren Netzverfeinerung mehr ein. Somit kann eine Gitterkonvergenz festgestellt werden und es wird eine maximale Elementgröße von 500 μm für alle weiteren Simulationen verwendet.

Zeitliche Diskretisierung

Neben der räumlichen Diskretisierung des Modells durch das Rechengitter muss bei transienten Problemen auch die zeitliche Diskretisierung betrachtet werden. Dazu wird das gleiche Modell wie bei der Untersuchung der räumlichen Diskretisierung verwendet. Anstatt der maximalen Temperatur wird in diesem Fall jedoch die Temperatur in einem Punkt mittig auf der Modelloberfläche betrachtet, der vom Laser überfahren wird. Dies erlaubt es im Gegensatz zur maximalen Temperatur zu bewerten, ob lokale Temperaturveränderungen durch die Wechselwirkung mit dem Laser genau genug aufgelöst werden.

Als Zeitintegrationsverfahren kommt ein BDF (*Backward Differentiation Formulas*)-Verfahren zweiter Ordnung zum Einsatz. Dabei handelt es sich um ein Mehrschrittverfahren zur numerischen Lösung von Anfangswertproblemen, siehe [78, S. 374] für Details wie bspw. zur Stabilität dieser Verfahren.

Abbildung 6.5a zeigt den Temperaturverlauf im betrachteten Messpunkt über der Belichtungszeit für verschiedene Anzahlen n an Zeitschritten. Für $n = 3$ und $n = 5$

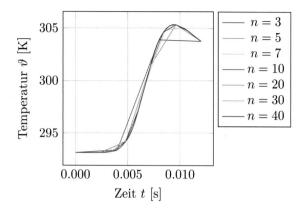

(a) Temperaturverlauf in der Mitte der Modelloberfläche

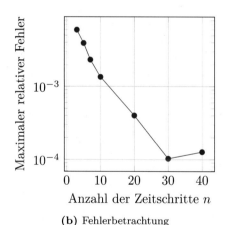

(b) Fehlerbetrachtung

Abbildung 6.5: Untersuchung der Zeitschrittweite

Zeitschritte sind noch deutliche Abweichungen erkennbar, teilweise auch mit einer starken Abweichung des Maximalwertes. Die Abbildung 6.5b zeigt zusätzlich den maximalen relativen Fehler für die untersuchten Anzahlen an Zeitschritten. Die Definition des Fehlers erfolgt dabei folgendermaßen: Als wahre Lösung wird das Simulationsergebnis verwendet, welches mit $n = 50$ Zeitschritten gerechnet wurde. Dieses Ergebnis so wie die berechnete Lösung werden an 100 Zwischenschritten interpoliert und an diesen Punkten jeweils die relativen Abweichungen bezogen auf die wahre Lösung berechnet. Die betragsmäßig größte Abweichung wird als maximaler relativer Fehler in Abbildung 6.5b dargestellt. Auf diese Weise ist eine realistische Abschätzung des größten Fehlers möglich. Wie in der Abbildung zu erkennen ist, sind die relativen Fehler jedoch auch schon für geringe Anzahlen an Zeitschritten klein.

In Abbildung 6.5a ist zu erkennen, dass ab $n = 7$ eine gute Approximation des Temperaturverlaufs vorliegt, sodass für die betrachtete Trajektorienlänge in Kombination mit der betrachteten Scangeschwindigkeit sieben Zeitschritte als notwendig erachtet werden. Auch der relative Fehler liegt für diese Schrittweite bei unter 0,3 %. Dies bedeutet, dass ein Zeitschritt die Länge haben sollte, die der Laser benötigt, um 12 mm / 7 = 1,714 mm zu überfahren. Die sich daraus ergebende Zeitschrittweite Δt lässt sich somit allgemein über den Zusammenhang

$$\Delta t = \frac{1{,}714\,\text{mm}}{v_s} \tag{6.13}$$

berechnen. Für das zur Konvergenzuntersuchung betrachtete Modell ergibt sich damit eine Zeitschrittweite von $\Delta t = 1{,}714\,\text{ms}$. Die in diesem und dem vorherigen Abschnitt ermittelten Größen und Zusammenhänge für die räumliche und zeitliche Diskretisierung werden für alle folgenden Simulationen verwendet.

6.1.6 Kalibrierung des Simulationsmodells

Bevor das Simulationsmodell für die Untersuchung der Überlapp- und Randbereiche genutzt werden kann, muss eine Kalibrierung des Modells erfolgen. Dafür wird eine Testgeometrie belichtet und die Bearbeitung wird mit einer Thermokamera aufgenommen. Dieses Messergebnis kann anschließend mit der Simulation der gleichen Bearbeitung der Testgeometrie verglichen werden.

Als Testgeometrie wird ein Rechteck mit einer Fläche von 35 mm x 10 mm bei einer Laminatstärke von 1,5 mm untersucht, welches mit der langen Kante in Faserrichtung orientiert und in Abbildung 6.6 dargestellt ist. Dies stellt eine realitätsnahe Bearbeitungsaufgabe dar und kann somit gut zur Kalibrierung eingesetzt werden. In der Simulation wird die Leistung wie zuvor beschrieben als mittlere Leistung eingebracht, alle anderen Größen werden entsprechend Tabelle 5.6 eingestellt. Als Messergebnis dient sowohl in der Thermographieaufnahme als auch in Simulation die Auswertung der in Abbildung 6.6a dargestellten ROI. Für die eingezeichnete ROI wird dabei der Mittelwert über alle gemessenen Zählraten bzw. simulierten Temperaturen innerhalb der ROI für jeden Zeitschritt berechnet. Die Einstellungen der Thermokamera werden gemäß Tabelle 6.3 vorgenommen.

Tabelle 6.3: Einstellungen der Thermokamera

Bezeichnung	Wert
Integrationszeit	7 ms
Bildrate	$100\,\text{s}^{-1}$
Breite des Bildes	320 Pixel
Höhe des Bildes	256 Pixel
Master Clock	10

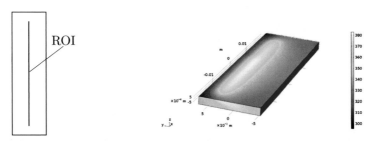

(a) Geometrie und ROI der Kalibrierung   (b) Simulationsergebnis des Kalibrierungs-
                                               modells

Abbildung 6.6: Modell zur Kalibrierung

Bei der Kalibrierung eines Simulationsmodells wird typischerweise eine Messgröße
mit der entsprechenden Simulationsgröße verglichen und es werden entsprechende
Parameter angepasst. So kann bspw. die Zeit-Verschiebungs-Kurve eines Feder-
Masse-Dämpfer Systems gemessen und mit der berechneten Verschiebungskurve
verglichen werden, um bspw. die Dämpfung des Simulationsmodells zu kalibrieren.
Im vorliegenden Fall ist dieses Vorgehen nicht ohne weiteres möglich, sondern die
Kalibrierung erfolgt anhand einer Aufnahme der bereits zuvor eingesetzten Thermokamera. Da die Thermokamera keine Temperatur, sondern die Strahlungsintensität über die gemessene Zählrate Z ausgibt, die Simulation hingegen die Temperatur ϑ in K berechnet, muss an dieser Stelle ein alternativer Ansatz zur Kalibrierung
gewählt werden. Eine Möglichkeit läge drin, die Thermokamera für die verwendeten Einstellungen zu kalibrieren und so die gemessene Zählrate in eine Temperatur
umzurechnen. Es hat sich jedoch bereits im Rahmen der Entwicklung des MLR-
Modells zur Prozesstemperaturhomogenisierung gezeigt, dass aufgrund der Physik
des betrachteten Prozesses eine Kalibrierung der Thermokamera nicht zielführend
- und auch für die Entwicklung des Modells nicht notwendig - ist. Somit kann auch
hier keine Umrechnung der Zählrate in eine Temperatur erfolgen. Dies ist jedoch
auch in diesem Fall nicht notwendig, da auch für die Betrachtung der Überlapp-
und Randbereiche Temperaturveränderungen viel mehr als die absolute Temperatur von Interesse sind. Wichtig ist dabei jedoch eine qualitativ möglichst gute
Übereinstimmung zwischen dem berechneten und gemessenen thermischen Verhalten des Materials. Aus diesem Grund wird folgendes Vorgehen verwendet: Nach
[75, S.126] existiert zwischen der Temperatur ϑ des Materials und der gemessenen
Zählrate Z der Thermokamera der Zusammenhang

$$Z(\vartheta) = k_1 + k_2(\vartheta + k_3)^{4+k_4}, \tag{6.14}$$

welcher als Erweiterung des Stefan-Boltzmann-Gesetztes verstanden werden kann.
Mit Hilfe des Levenberg-Marquardt-Algorithmus können die Parameter k_1 bis k_4
aus dem Simulationsergebnis und der Thermographiemessung bestimmt werden.
Da die Zeitschritte der Simulation und die Messpunkte der Thermokamera nicht

synchronisiert sind, wird beim Vergleich der Größen das Messsignal an den Zeit-schritten der Simulation interpoliert. So kann zunächst überprüft werden, wie gut sich die simulierten Daten an das gemessene Signal anpassen lassen. Abbildung 6.7 zeigt das Messsignal der Thermokamera sowie das Simulationsergebnis mit den zu-vor beschriebenen Parametern (Modell 1), welches über die Gleichung 6.14 in eine Zählrate umgerechnet und durch den Levenberg-Marquardt-Algorithmus bestmög-lich an das Messsignal angepasst wurde. Bei dem Vergleich von Messsignal und Simulationsergebnis fällt auf, dass die Geschwindigkeiten der Zählratenverände-rungen im Simulationsmodell niedriger als in der Messung sind. Da diese durch die Temperaturleitfähigkeiten, und diese wiederum durch die Wärmeleitfähigkeiten, beeinflusst werden, werden die Wärmeleitfähigkeiten λ_x, λ_y sowie λ_z angepasst, sodass eine qualitativ gute Übereinstimmung zwischen dem Messsignal und der Simulation vorliegt. Bei jeder Anpassung der Wärmeleitfähigkeiten wird die Simu-lation erneut durchgeführt, die Parameter k_1 bis k_4 berechnet und das Ergebnis verglichen. Die Tabelle 6.4 zeigt die angepassten Parameter, welche zu dem in Ab-bildung 6.7 dargestellten Verlauf des Modells 2 führen.

Tabelle 6.4: Parameter des angepassten Modells

(a) Wärmeleitfähigkeiten

Größe	Wert
$\tilde{\lambda}_x$	3,299 W/(mK)
$\tilde{\lambda}_y$	0,614 W/(mK)
$\tilde{\lambda}_z$	0,220 W/(mK)

(b) Werte der Gleichung 6.14

Größe	Wert
k_1	5959,972 [-]
k_2	0,013 K$^{-2,485}$
k_3	-293,152 K
k_4	-1,515 [-]

Es ist deutlich zu erkennen, dass sich mit den angepassten Parametern und dem Modell aus Gleichung 6.14 das Messsignal besser beschreiben lässt als mit den ur-sprünglichen Wärmeleitfähigkeiten. Insbesondere wird die Dynamik des Verlaufs des Messsignals besser getroffen. Dabei folgt sowohl der Anstieg der Zählrate dem Signal besser, vor allem wird aber das Abklingverhalten der Zählrate besser be-schrieben. Darüber hinaus wird ebenfalls die Position des Maximums besser ge-troffen. Auch wenn es sich bei diesem Verfahren nicht um eine Kalibrierung im klassischen Sinn handelt und das Modell somit keine quantitativen Aussagen zu-lässt, lässt sich auf diese Weise jedoch eine gute qualitative Übereinstimmung er-zielen, welche eine Beantwortung der betrachteten Fragestellungen ermöglicht.

6.2 Simulation von Überlappungsbereichen

Die Betrachtung von Überlappungsbereichen bei der Laseraktivierung stellt die erste wesentliche Fragestellung dar, welche im Rahmen dieses Kapitels mittels nu-merischer Simulation beantwortet werden soll. Bei der Laseraktivierung einer Flä-che, die größer ist als das Scanfeld des eingesetzten Scanners, muss die Fläche in

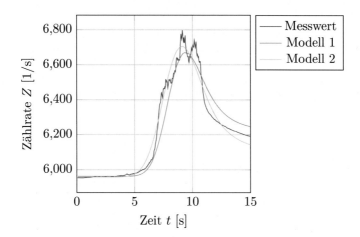

Abbildung 6.7: Vergleich des gemessenen und simulierten Verlaufs der Zählrate mit dem ursprünglichen und angepassten Simulationsmodell

mehrere Teile partitioniert werden. Diese einzelnen Partitionen können theoretisch nacheinander und aneinanderliegend bearbeitet werden, wobei zwischen zwei Bearbeitungen entweder das Bauteil oder der Scanner umpositioniert werden muss. Da diese Umpositionierungsvorgänge in realen Produktionssystemen mit Toleranzen behaftet sind, kann nicht ausgeschlossen werden, dass zwei Partitionen nicht vollständig aneinander liegen, sondern ein nicht aktivierter Bereich entsteht. Insbesondere bei einer späteren Integration der Lasersystemtechnik in ein roboterbasiertes Fertigungssystem zur mobilen Reparatur, ist mit größeren Positionierungstoleranzen als bspw. in einer CNC Maschine zu rechnen. Auch das Scanfeld selbst ist nie perfekt rechtwinklig, sodass es gerade bei größeren Partitionen zu Krümmungen der Außenkonturen kommen kann. Um trotzdem eine vollständige Aktivierung der gesamten Fläche sicherzustellen, werden die einzelnen Partitionen überlappt.

Werden zwei Partitionen direkt nacheinander bearbeitet, erfolgt die Bearbeitung der zweiten Partition wegen der Überlappung in einem Bereich, der sich aufgrund der vorhergehenden Bearbeitung noch auf einem höheren Temperaturniveau befinden kann. Somit würde es bei der Laseraktivierung gegenüber der ersten Partition zu einer Temperaturüberhöhung kommen, die im Widerspruch zur bisher im Rahmen dieser Arbeit angestrebten Prozesstemperaturhomogenisierung steht. Zur Verdeutlichung dieses Sachverhalts ist in Abbildung 6.8 ein Versuch zum Abklingverhalten der Temperatur bei der Laseraktivierung mit LP4 gezeigt. Bei dem eingesetzten Material handelt es sich um unidirektionales Laminat aus dem zuvor eingesetzten *Prepreg*-System. In der Abbildung 6.8a ist schematisch das bearbeitete Rechteck mit einer Fläche von 10 mm x 35 mm dargestellt, welches mit der langen Kante in Faserrichtung ausgerichtet ist. Die ROI sind von rechts nach links nummeriert. Die Schraffur der Fläche erfolgt mit an der langen Kante ausgerichteten Trajektorien ebenfalls von rechts nach links. Abbildung 6.8b zeigt das Messergebnis einer Thermographiemessung für die dargestellten ROI, wobei der Messwert den

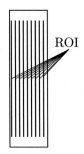

(**a**) Schematische Darstellung der ROI

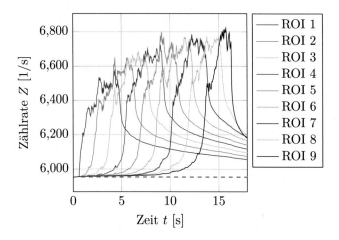

(**b**) Messwerte der ROI

Abbildung 6.8: Betrachtung von Überlappungsbereichen

Mittelwert der ROI darstellt. Es lässt sich gut erkennen, dass beim Überfahren einer ROI der Messwert schnell ausgehend vom Grundniveau (gestrichelte Linie) ansteigt und danach zunächst schnell, dann aber immer langsamer abfällt. Die zentrale Frage ist daher, wie viel Zeit nach der Belichtung eines Bereichs notwendig ist, bis dieser erneut belichtet werden kann, ohne dass es dabei zu einer Prozesstemperaturüberhöhung kommt.

6.2.1 Ziel und Vorgehensweise

Zur Beantwortung der Frage, welche Wartezeit zwischen der überlappten Belichtung von zwei Partitionen notwendig ist, wird die in Abbildung 6.9 dargestellte Prozessstrategie untersucht. In der Abbildung sind zwei quadratische Partitionen dargestellt, die im rot gestrichelten Bereich überlappt sind. Zunächst wird die Partition 1 belichtet. Dafür wird der Scanner über dem Mittelpunkt der Partition positioniert und die Belichtung erfolgt entlang der schematisch dargestellten Trajektorien (gestrichelte Pfeile), wobei die Schraffur der Fläche von rechts nach links erfolgt. Nachdem die Belichtung der ersten Partition abgeschlossen ist, wird der Scanner von der Position 1 in die Position 2 verfahren. Dort erfolgt die Belichtung des zweiten Quadrats, auch hier wieder mit der Schraffur von rechts nach links.

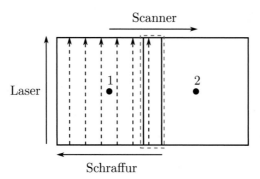

Abbildung 6.9: Prozessstrategie für Überlappungsbereiche

Durch die gegenläufige Bewegung von Scanner und Schraffur wird die Zeit zwischen den Belichtungen des Überlappungsbereichs im Vergleich zur gleichläufigen Bewegung bereits maximiert. Betrachtet man einen Punkt im Überlappungsbereich, so setzt sich die Zeit, bis dieser Punkt ein zweites Mal belichtet wird, aus einem Teil der Belichtungszeit von Partition 1, der Umpositionierungszeit sowie einem Teil der Belichtungszeit von Partition 2 zusammen. Es stellt sich dabei die Frage, ob eine zusätzliche Pause in den Prozess integriert werden muss, bevor die zweite Belichtung beginnen kann.

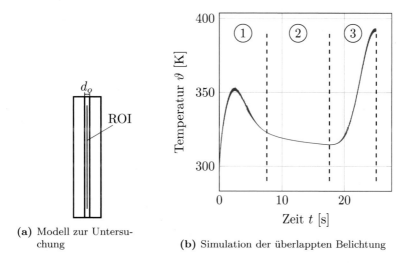

(a) Modell zur Untersuchung

(b) Simulation der überlappten Belichtung

Abbildung 6.10: Untersuchung der Überlappung

Um dies zu beantworten, wird das in Abbildung 6.10a dargestellte Modell als Abstraktion des Vorgehens aus Abbildung 6.9 betrachtet. Dabei handelt es sich um die Belichtung von zwei überlappten Rechtecken mit einer Größe von jeweils 35 mm x 5 mm, die eine Überlappung von d_o aufweisen und deren lange Kante sowie die Trajektorien in Faserrichtung ausgerichtet sind. Durch die kompakte Größe ist ein Umpositionieren des Scanners in diesem Fall nicht notwendig, sodass unabhängig vom verwendeten Handhabungssystem allgemein die Pausenzeit zwischen den Belichtungen betrachtet werden kann. Die Pausenzeit wird dafür direkt im Scannerprogramm implementiert. Die Abbildung 6.10b zeigt das Ergebnis einer Beispielrechnung mit einer Überlappung von $d_o = 1{,}5$ mm, einer Bearbeitung mit LP4 und einer Pausenzeit von 10 s. Die dargestellte berechnete Temperatur ist der Mittelwert der eingezeichneten ROI. Der Bereich 1 stellt dabei die Belichtung des ersten Rechtecks, der Bereich 2 die Pausenzeit und der Bereich 3 die Belichtung des zweiten Rechtecks dar. Es ist zu erkennen, dass die zweite Belichtung hier von einem erhöhten Temperaturniveau beginnt (ca. 315 K ggü. 293,15 K) und es zu einer deutlichen Prozesstemperaturüberhöhung kommt. Somit ist es also notwendig, in Abhängigkeit der Geometrie und Überlappungsbreite eine Pausenzeit zwischen zwei Belichtungen vorzusehen, um so die Differenz der zwei Maxima aus Abbildung 6.10b einzustellen. Es erfolgt an dieser Stelle ausdrücklich nur die Untersuchung einer Umpositionierung quer zur Faserrichtung, da dies zu kürzeren Pausenzeiten gegenüber einer Umpositionierung in Faserrichtung führt und somit für die Abschätzung einer maximalen Prozessgeschwindigkeit genutzt werden kann. Ein Umpositionieren in Faserrichtung lässt sich methodisch auf gleichem Weg behandeln, wobei die ROI in diesem Fall quer zur Faserrichtung im Bereich der Überlappung definiert werden müssten.

Zur Bestimmung der notwendigen Pausenzeit wird folgendes Vorgehen angewendet: Die Abbildung 6.11 zeigt das Ergebnis der Simulation der überlappten Belichtung der zwei in Abbildung 6.10a dargestellten Partitionen mit zwei verschiedenen Pausenzeiten. Bei der Betrachtung des Temperaturverlaufs fällt auf, dass der Temperaturabfall für einen Großteil der Pausenzeit nahezu linear ist, sodass auch davon ausgegangen werden kann, dass die Maxima der Belichtungen der zweiten Partition auf einer dazu parallelen Geraden liegen werden. Diese Gerade ist in der Abbildung schwarz gestrichelt dargestellt und verbindet die eingezeichneten Maxima.

Um nun zu bestimmen, wo auf dieser Geraden das Maximum der Belichtung der zweiten Partition liegen sollte, wird zunächst ein zulässiges Prozessfenster definiert und das sich daraus ergebende Temperaturmaximum wird als Horizontale in das Diagramm eingetragen. Aus dem Schnittpunkt der Horizontalen mit der eingezeichneten Verbindungsgeraden kann nun die resultierende Pausenzeit bestimmt werden. Aufgrund des gut als linear zu approximierenden Verlaufs des Temperaturabfalls lässt sich durch diesen Ansatz eine zu einem definierten Prozessfenster passende Pausenzeit durch einfache graphische Überlegungen herleiten. Die Simulation der langen Pause stellt dabei keine Herausforderung dar, da die Simulation in mehrere Teile geteilt werden kann. Der Bereich 1 und 3 aus Abbildung 6.10b muss aufgrund der hohen Prozessdynamik mit der zuvor hergeleiteten zeitlichen

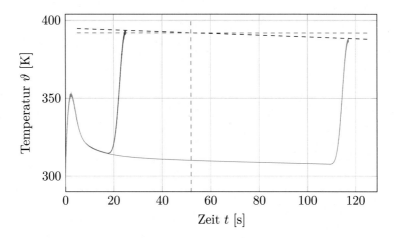

Abbildung 6.11: Graphische Bestimmung der benötigten Pausenzeit

Diskretisierung behandelt werden. Da im Bereich 2 jedoch keine Laserbearbeitung vorliegt, ist diese feine zeitliche Diskretisierung nicht notwendig und es kann ein BDF Verfahren mit Schrittweitensteuerung eingesetzt werden, wodurch sehr kurze Berechnungsdauern auch bei sehr langen Pausenzeiten möglich werden.

6.2.2 Ergebnisse und Validierung

Im Folgenden ist das Ergebnis des zuvor dargestellten Vorgehens sowie die entsprechende Validierungsmessung dargestellt. Zur Durchführung des hergeleiteten Vorgehens wird erneut die Abbildung 6.8b betrachtet. Dort ist zu erkennen, dass es trotz des Ansatzes zur Temperaturhomogenisierung zu einem leichten Anstieg des Messwerts zwischen der ersten und letzten ROI kommt. Da der Prozess für den betrachteten Laserparameter LP4 im Verlauf der Arbeit detailliert untersucht wurde und in keinem Bereich eine Beschädigung durch die Bearbeitung festgestellt werden konnte, wird davon ausgegangen, dass die gemessenen Zählraten einen zulässigen Bereich darstellen. Um die Pausenzeiten aufgrund der sehr langsamen Abkühlgeschwindigkeiten nicht zu lang wählen zu müssen, wird der so definierte zulässige Bereich um 5% nach oben erweitert. Da teils deutlich höhere Pulsenergien im Rahmen der Prozessentwicklung zu keinen Schädigungen führten, wird diese Erweiterung als zulässig erachtet. Wird das so bestimmte Prozessfenster über die Gleichung 6.14 in eine Temperatur zurückgerechnet, ergibt sich ein zulässiges Maxmimum von 392,04 °C. Dieser Wert wird als Horizontale in das Diagramm eingetragen und definiert über den Schnittpunkt mit der zuvor eingezeichneten Geraden die Lage des Maximums der Belichtung der zweiten Partition. Dies liegt im vorliegenden Fall bei $t = 52{,}025$ s, woraus sich eine Pausenzeit von 37,034 s ergibt. Dieses Vorgehen ist in Abbildung 6.12 dargestellt. Die Abbildung zeigt die zuvor dargestellte Abbildung 6.11, erweitert um die Simulation der zweiten Rechtecksbelichtung nach der hergeleiteten Pausenzeit. Wie die Abbildung zeigt, lässt sich durch das entwickelte Vorgehen die Lage des Maximums mit einem sehr geringen Fehler einstellen, wobei das Maximum aufgrund der konvexen Form der Abkühlkurve unterhalb der linearen Approximation liegt.

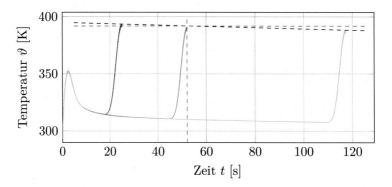

Abbildung 6.12: Simulationsergebnis der berechneten Pausenzeit

Zur Validierung der Simulation wird der in Abbildung 6.10a dargestellte Versuch für die berechnete Pausenzeit von 37,034 s durchgeführt und mittels Thermographie aufgenommen, wobei die Pausenzeit direkt im Scannerprogramm als Sprungbefehl mit definierter Dauer implementiert wird. Dies stellt eine exakte Einhaltung der Pausenzeit sicher, da diese über ein echtzeitfähiges System abgebildet wird und nicht durch Kommunikation zwischen verschiedenen Systemkomponenten beeinflusst werden kann. Abbildung 6.13 zeigt das Ergebnis der Thermographiemessung als gleitenden Mittelwert über 10 Messpunkte sowie das Simulationsergebnis, welches über Gleichung 6.14 in eine Zählrate umgerechnet wurde. Da die Thermographieaufnahme und das Scannerprogramm zeitlich nicht synchronisiert sind, wurde die Thermographieaufnahme so auf der Zeitachse verschoben, dass die beiden ersten Maxima zusammenfallen.

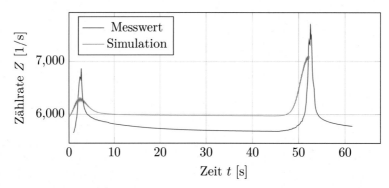

Abbildung 6.13: Validierungsmessung der Betrachtung von Überlappungsbereichen

Beim Vergleich der Messwerte und des Simulationsergebnisses zeigt sich, dass die Maxima zu gleichen Zeitpunkten auftreten. Zudem liegt der prozentuale Zuwachs gemäß Tabelle 6.5 zwischen dem jeweils ersten und zweiten Maximum bei 11,2 % (Messwert) bzw. 12,829 % (Thermographiemessung). Die Maxima wurden dabei als Mittelwert der größten fünf Werte berechnet. Das qualitative Verhalten kann somit gut abgebildet werden.

Tabelle 6.5: Auswertung des Validierungsversuchs zu Überlappungsbereichen

	Maximum 1	**Maximum 2**	**Steigerung**
Messwert	6763.675	7575.288	11.200 %
Simulation	6300.127	7108.351	12.829 %

Dabei liegen allerdings deutliche quantitative Unterschiede vor. Dieses Verhalten wird im folgenden Abschnitt genauer diskutiert.

6.2.3 Diskussion

Im Rahmen der Validierungsversuche für verschiedene Pausenzeiten zeigten sich verschiedene Herausforderungen hinsichtlich des Einsatzes der Thermographie als Messverfahren zur Validierung. Die Abbildung 6.14 zeigt die Ergebnisse der Thermographiemessung (erneut als gleitenden Mittelwert über zehn Werte) für verschiedene Pausenzeiten, wobei zur Synchronisierung erneut alle Kurven zeitlich in ein gemeinsames erstes Maximum verschoben wurden.

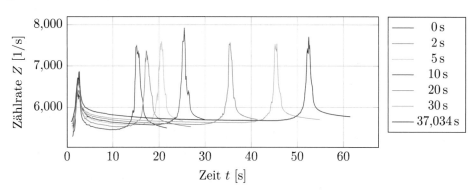

Abbildung 6.14: Validierungsmessungen verschiedener Pausenzeiten

In der Abbildung fallen mehrere Punkte auf: Zum einen ist bei der Betrachtung der zweiten Maxima kein stetig fallendes Verhalten zu erkennen, so wie es nach Abbildung 6.12 anzunehmen wäre. Zum anderen ist ein Drift der Messwerte zu erkennen, da mit zunehmender Pausenzeit die Messwerte von einem höheren Ausgangsniveau

starten. Die Durchführung der Versuche erfolgte dabei mit zunehmender Pausenzeit, wobei allerdings alle Belichtungen an der gleichen Position im Bildfeld der
Kamera durchgeführt wurden, sodass dieses Verhalten nicht auf einen anderen Be-
lichtungswinkel zurückzuführen ist. Selbst wenn dieser Drift herausgerechnet wird,
ist kein klarer Trend in den zweiten Maxima zu erkennen. Ursächlich für dieses
Verhalten können bspw. ein thermischer Drift des Sensors sowie Inhomogenitäten
im Material sein.

Wie in Abbildung 6.13 ersichtlich wird, liegt zudem ein quantitativer Unterschied
zwischen dem Simulationsergebnis und der Thermographiemessung vor. Dieser wird
besonders deutlich, wenn man die gute Übereinstimmung von Simulation und Thermographiemessung in Abbildung 6.7 betrachtet. Die Erklärung dafür wird in der
Einbausituation der Thermokamera vermutet. Zwischen den Versuchen, die zu Abbildung 6.7 führten, und der Durchführung der Versuche zu den Überlappungsbereichen, erfolgte ein erneuter Aufbau der Thermokamera. Dabei wurde die ursprüngliche Position zwar bestmöglich wiederhergestellt, jedoch zeigt das Ergebnis,
wie stark die Kalibrierung der Thermokamera von kleinsten Änderungen in der Orientierung abhängt. Dies macht deutlich, dass eine quantitative Aussage auf Basis
von Thermographiemessungen, bzw. eine robuste Kalibrierung eines Simulationsmodells anhand dieser, nur schwer möglich sind. Nichtsdestotrotz zeigt die Tabelle 6.5, dass die relativen Änderungen zwischen Simulation und Thermographiemessung gut übereinstimmen und das Simulationsmodell somit für die Betrachtung der
untersuchten Fragestellung eingesetzt werden kann.

Aus dem dargestellten Ergebnis der Betrachtung von Überlappungsbereichen lassen
sich verschiedene Schlüsse ziehen. Die wesentlichste Erkenntnis betrifft die Strategie zur Belichtungsreihenfolge von großen Reparaturbereichen. Es hat sich gezeigt,
dass aufgrund des langsamen Abkühlverhaltens des Materials nicht vernachlässig-
bare Pausenzeiten zwischen der Belichtung zwei benachbarter Partitionen benötigt
werden. Aus diesem Grund sollte bei der Bearbeitung von partitionierten Gebieten
darauf geachtet werden, die Belichtungsreihenfolge so zu wählen, dass der kleinste
Abstand zwischen zwei nacheinander bearbeiteten Flächen maximal gewählt wird.
So existiert ein definiertes Minimum, für das eine gegenseitige Beeinflussung der
Bearbeitungen mittels Simulation geprüft werden kann. Ist keine Beeinflussung gegeben, kann die Belichtung direkt nacheinander erfolgen und die Pausenzeit wird
lediglich durch die Positioniergeschwindigkeit des Handhabungssystems beeinflusst.
Als weitere Erkenntnis lässt sich festhalten, dass Partitionen möglichst groß gewählt
werden sollten, da dies die Belichtungszeit einer Partition erhöht und somit gerin-
gere Pausenzeiten zwischen den Belichtungen nacheinander folgender Partitionen
notwendig werden.

6.3 Simulation von Randbereichen

Die Betrachtung der Randbereiche ist die zweite wesentliche Fragestellung, welche mittels numerischer Simulation betrachtet werden soll. Sie dient der Übertra-

gung der bisherigen Erkenntnisse zur thermischen Steuerung des Laserprozesses auf nicht-rechteckige Geometrien mit frei gekrümmten Randkonturen. Dies wird am Beispiel eines Kreises mit dem Durchmesser $D_k = 35\,\text{mm}$ exemplarisch untersucht. Zur Verdeutlichung der Wichtigkeit einer angepassten Prozesssteuerung in den Randbereichen ist in Abbildung 6.15 eine Thermographieaufnahme des Endes (6.15b) und des Anfangs (6.15c) der Belichtung des untersuchten Kreises mit LP4 gezeigt. In den beiden Abbildungen sind zudem jeweils zehn ROI mit einer Größe von 2 x 10 Pixel (232 µm x 1160 µm) eingezeichnet, deren Mittelwert über die gesamte Belichtungszeit aufgenommen wird. Die Verteilung der ROI ist in Abbildung 6.15a zusätzlich schematisch dargestellt.

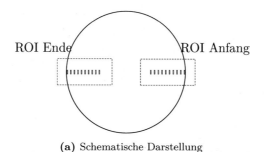

(a) Schematische Darstellung

(b) ROI am Ende der Kreisbelichtung   **(c)** ROI am Anfang der Kreisbelichtung

Abbildung 6.15: Untersuchung der Randbereiche der Kreisbelichtung mit LP4

Die Abbildungen 6.16 und 6.17 zeigen die Messwerte der zehn ROI für den jeweiligen Bereich des Kreises. Es ist deutlich zu sehen, wie stark die verkürzten Trajektorien das Temperaturfeld beeinflussen. Insbesondere am Ende der Kreisbelichtung (Abbildung 6.17) wird deutlich, wie stark die Prozesstemperatur zum Rand des Kreises hin ansteigt. Auch zu Beginn der Belichtung des Kreises kommt es zu einer deutlichen Überhöhung der Temperatur, welche allerdings mit zunehmender Trajektorienlänge weniger wird. Dieses Verhalten in beiden Bereichen steht im deutlichen Kontrast zu dem bisher verfolgten Ansatz einer homogenen Prozesstemperatur und macht deutlich, dass eine Verwendung der zuvor entwickelten Parameter für gekrümmte Randbereiche nicht ohne Anpassung zulässig ist.

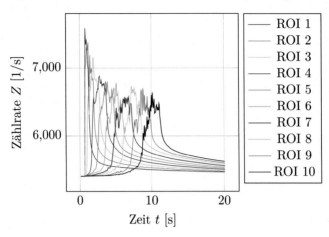

Abbildung 6.16: Thermographiemessung am Anfang der Kreisbelichtung

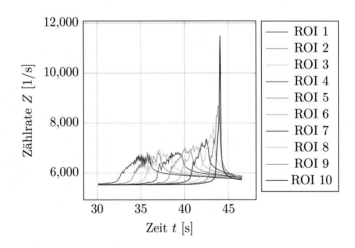

Abbildung 6.17: Thermographiemessung am Ende der Kreisbelichtung

6.3.1 Ziel und Vorgehensweise

Im vorherigen Unterabschnitt wurde deutlich, dass es in den Randbereichen beim Einsatz der zuvor entwickelten Parameter zu einer deutlichen Überhöhung der Temperatur kommt. Im Folgenden wird daher eine Methodik hergeleitet, um diesen Effekt zu vermeiden und auch in beliebig gekrümmten Randbereichen durch eine angepasste Prozesssteuerung eine Homogenisierung der Prozesstemperatur zu gewährleisten.

Betrachtet man eine gekrümmte Kontur wie das zuvor beschrieben Endstück des Kreises, liegt die Ursache der Temperaturerhöhung darin, dass durch die Verkürzung der Trajektorienlänge sich ebenfalls der zeitliche Abstand zwischen der Belichtung von zwei Punkten auf benachbarten Trajektorien immer weiter verkürzt und so das Material immer weniger Zeit zum Abkühlen hat. Es bieten sich an dieser Stelle zwei Ansätze, um diesem Phänomen entgegen zu wirken:

- **Anpassung der Prozessparameter**
  Durch eine Anpassung der Prozessparameter wie bspw. Pulsenergie, Pulswiederholfrequenz, Spurabstand oder die Scangeschwindigkeit kann die Prozesstemperatur angepasst werden

- **Anpassung der Sprungzeiten**
  Durch die Anpassung der Sprungzeit zwischen zwei Trajektorien, also der Zeit vom Ende der Trajektorie η zum Anfang der Trajektorie $\eta + 1$, kann das Abkühlverhalten des Materials und so die Prozesstemperatur beeinflusst werden

Bei dem Vergleich der zwei Ansätze zeigt sich, dass der zweite Ansatz zwar aufgrund der Verlängerung der Sprungzeit die gesamte Prozessdauer erhöht und somit aus wirtschaftlicher Sicht zunächst der erste Ansatz attraktiver erscheint, jedoch basiert die gesamte Prozessentwicklung auf einem definierten Zusammenspiel der Prozessparameter, sodass nicht ohne Weiteres davon ausgegangen werden kann, dass sich das gewünschte Ergebnis auch bspw. bei einer Leistungsabsenkung am Rand sicherstellen lässt. Zudem sind bspw. die Parameter Pulswiederholfrequenz und Scangeschwindigkeit über den Pulsabstand verbunden, was die Komplexität der notwendigen Parameteranpassung weiter erhöht.

Neben den prozesstechnischen Punkten ist auch eine steuerungstechnische Betrachtung notwendig: Sollten Parameter des Lasers in den Randbereichen kontinuierlich angepasst werden, müsste dies durch eine Kopplung der Scannersteuerung mit dem Laser erfolgen, die über das derzeit notwendige An- und Abschalten des Lasers hinausgeht. Vielmehr wäre eine laufende Anpassung der Pulswiederholfrequenz bzw. Pulsenergie notwendig. Da aber gerade in den Randbereichen für die Trajektorien Belichtungsdauern im ms-Bereich vorliegen, und diese Größen an Lasern oftmals gar nicht in so kurzen Zeitintervallen verändert werden können, stellt dieser Ansatz eine große steuerungstechnische Herausforderung dar.

Es wird daher der zweite Ansatz verfolgt, da dieser nicht nur die entwickelten Prozessparameter erhält, sondern zudem auch aus Implementierungssicht deutlich besser und allgemeingültiger umzusetzen ist. Die Sprungzeit kann ausschließlich über die Scannersteuerung eingestellt werden, indem die Sprungbefehle mit definierter Zeitdauer verwendet werden. Das genaue Vorgehen dabei wird im Folgenden detailliert erläutert.

Die Anpassung der Sprungzeiten gemäß des zweiten Ansatzes wird an der in Abbildung 6.18 dargestellten Beispielgeometrie untersucht.

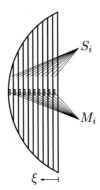

Abbildung 6.18: Partitionierung des Kreisendes

Bei der dargestellten Beispielgeometrie handelt es sich um die letzten 10 mm des zuvor betrachteten Kreises mit einem Durchmesser von 35 mm, wobei auch hier exemplarisch die Belichtung mit LP4 betrachtet wird. Die gewählte Beispielgeometrie ist deutlich stärker gekrümmt als typische Reparaturgeometrien im Luftfahrtumfeld, sodass die entwickelte Methodik in jeden Fall auch für schwächer gekrümmte Konturen anwendbar ist. Zudem wird im Folgenden bewusst das Ende der Kreisbelichtung untersucht, da dort die Temperaturüberhöhung stärker ausgeprägt ist als am Anfang des Kreises und somit höchstmögliche Anforderungen an die Methodik zur Temperaturhomogenisierung gestellt werden.

Die betrachteten 10 mm des Kreises werden bei einer Bearbeitung mit LP4 mit 645 Trajektorien belichtet. Möchte man eine vollständige Prozesstemperaturhomogenisierung sicherstellen, so wäre es theoretisch notwendig, für jede der 645 Trajektorien eine optimale Sprungzeit zu bestimmen. Experimentell wäre dies ohnehin kaum abbildbar, aber auch mittels Simulation führt dieser Ansatz zu nicht mehr praktisch nutzbaren Berechnungsdauern. Würde bspw. die mittlere Temperatur entlang jeder Trajektorie als Ergebnis der Simulation der gesamten Geometrie betrachtet werden, so könnten die optimalen Verzögerungszeiten bspw. durch Lösung des Nullstellenproblems

$$\mathbf{F_h(t_s)} = \vartheta_\mathbf{r} - \vartheta_\mathbf{m}(\mathbf{t_s}) = \mathbf{0} \qquad (6.15)$$

bestimmt werden. Dabei bezeichnet $\mathbf{t_s}$ den Vektor der Sprungzeiten, $\vartheta_\mathbf{r}$ den Vektor der vorzugebenden Referenztemperatur, die entlang jeder Trajektorie erreicht werden soll und $\vartheta_\mathbf{m}$ den Vektor der berechneten mittleren Temperaturen entlang jeder Trajektorie. Dieses mehrdimensionale Nullstellenproblem könnte bspw. mittels des Newton-Verfahrens gelöst werden. Dabei müsste jedoch in jedem Newton-Schritt eine Funktionsauswertung erfolgen sowie die Jacobi-Matrix numerisch berechnet werden, d.h. in jedem Newton-Schritt müssten $1 + 645 = 646$ FEM-Simulationen der gesamten Bearbeitung erfolgen. Da eine einzelne Simulation auf einem Standard PC bereits mehrere Stunden dauert, ist dieses Vorgehen nicht praktikabel. Aus diesem Grund wird das Vorgehen in zwei Stufen vereinfacht:

Zunächst wird die untersuchte Geometrie wie in Abbildung 6.18 in zehn Sektionen S_i aufgeteilt, die entsprechend des lokalen Koordinatensystems ξ angeordnet sind. Dabei erstreckt sich die Sektion S_1 von $\xi = 0\,\mathrm{mm}$ - $1\,\mathrm{mm}$, die Sektion S_2 von $\xi = 1\,\mathrm{mm}$ - $2\,\mathrm{mm}$, usw. Am Ende jeder Sektion wird zudem ein Messbereich M_i definiert, dessen linkes Ende bei $\xi = i$ mm endet. Die Größe der Messbereiche M_i entspricht genau den ROI aus Abbildung 6.15. So ist eine spätere Validierungsmöglichkeit sichergestellt.

Anstatt nun für jede Trajektorie eine optimale Sprungzeit zu bestimmen, erfolgt die Betrachtung sektionsweise. Die Sprungzeit für jede Trajektorie ergibt sich dabei durch

$$t_s = t_{\bar{s}} + t_d. \tag{6.16}$$

Dabei bezeichnet $t_{\bar{s}}$ die natürliche Sprungzeit der Trajektorie, die sich aus der vordefinierten Positioniergeschwindigkeit des Scanners und der Strecke zwischen dem Ende der einen und dem Anfang der nächsten Trajektorie ergibt. Zu der natürlichen Sprungzeit wird nun eine Verzögerungszeit t_d definiert, welche dazu genutzt wird, die gesamte Sprungzeit t_s einzustellen. Diese Aufteilung erfolgt, damit stets sichergestellt ist, dass Sprungzeiten berechnet werden, die über der systemtechnisch minimal möglichen Sprungzeit $t_{\bar{s}}$ liegen. Für jede Sektion wird dabei genau eine Verzögerungszeit t_d gewählt. Diese sektionsweise Betrachtung stellt den ersten Schritt der Vereinfachung gegenüber Gleichung 6.15 dar, da nicht mehr 645 sondern lediglich zehn Parameter betrachtet werden. Der zweite Schritt der Vereinfachung liegt neben der sektionsweisen Betrachtung der Verzögerungszeiten in der sektionsweisen Berechnung der Simulation. Dies bedeutet, dass nicht die gesamte Bearbeitung simuliert wird, sondern jede Sektion einzeln berechnet wird und so lange die lokale Verzögerungszeit angepasst wird, bis das gewünschte Temperaturfeld vorliegt. Mit dem so berechneten Temperaturfeld als Anfangsbedingung wird dann die folgende Sektion berechnet. Wie das Temperaturfeld bestimmt wird und die Berechnung der Verzögerungszeiten erfolgen kann, wird im Folgenden detailliert erläutert.

Mit dem Vektor der zehn sektionsweise definierten Verzögerungszeiten

$$\mathbf{t_d} = (t_{d,1}, t_{d,2}, \ldots, t_{d,10}) \tag{6.17}$$

wird das Nullstellenproblem

$$f_{\mathrm{homo},i}(t_{d,i}) = \vartheta_{\mathrm{ref,homo}} - \vartheta_{\mathrm{homo},i}(t_{d,i}) = 0 \tag{6.18}$$

für jede Sektion S_i für $i = 1, 2, \ldots, 10$ definiert. Hierbei bezeichnet $\vartheta_{\text{ref,homo}}$ die gewünschte Referenztemperatur, die im Messbereich M_i erreicht werden soll und $\vartheta_{\text{homo},i}$ die berechnete Maximaltemperatur im Messbereich M_i, wobei diese zur Glättung von Schwankungen im Ergebnis als Mittelwert der zehn höchsten Werte berechnet wird. Durch die Lage der Messbereiche M_i ist zudem sichergestellt, dass das Temperaturmaximum im Regelfall innerhalb des Messbereichs auftritt. Dieses Nullstellenproblem kann nun nacheinander folgend für jede Sektion betrachtet werden, wobei das Simulationsergebnis von Sektion S_i als Anfangswert der Sektion S_{i+1} gesetzt wird.

Durch die Aufteilung in Sektionen ist das Problem aus Gleichung 6.15 somit zunächst deutlich in der Anzahl der Parameter reduziert worden. Durch die nacheinander folgenden Betrachtungen der Sektionen ist darüber hinaus aus dem vektorwertigen Nullstellenproblem ein skalares Nullstellenproblem in Gleichung 6.18 geworden, was den Rechenaufwand ebenfalls erheblich reduziert.

Die Lösung des skalaren Nullstellenproblems aus Gleichung 6.18 erfolgt durch das skalare Newton-Verfahren

$$x_{n+1} = x_n - \frac{f(x_n)}{f'(x_n)}, \tag{6.19}$$

wobei die erste Ableitung numerisch als Differenzenquotient bestimmt wird. Für den betrachteten Kreisabschnitt wird beispielhaft die Verzögerungszeit $t_{d,1} = 0\,\text{s}$ gesetzt und das so entstehende Ergebnis $\vartheta_{\text{homo},1}(0)$ des Messbereichs M_1 als Referenztemperatur $\vartheta_{\text{ref,homo}}$ betrachtet, sodass die Berechnung der optimierten Verzögerungszeiten mit Sektion S_2 beginnt. Damit sieht das Verfahren folgendermaßen aus:

i) Als Startwert für $t_{d,2}$ wird $t_{d,1}$ gesetzt

ii) Simulation der Laserbearbeitung in Sektion S_2 mit der Lösung der Sektion S_1 als Anfangsbedingung

iii) Auswertung des Messbereichs M_2, Auswertung von 6.18

iv) Erneute Berechnung der Laserbearbeitung in Sektion S_2 mit der Lösung der Sektion S_1 als Anfangsbedingung und $\tilde{t}_{d,2} = t_{d,2} + \zeta$

v) Erneute Auswertung des Messbereichs M_2, erneute Auswertung von 6.18 und Berechnung der ersten Ableitung

vi) Durchführung des Newton-Schritts gemäß 6.19 zur Berechnung des verbesserten $t_{d,2}$

vii) Erneute Durchführung ab Schritt 2 bis die gewünschte Genauigkeit erreicht ist. Diese wurde im Folgenden auf $0{,}25\,\%$ von $\vartheta_{\text{ref,homo}}$ festgelegt.

Dieses Vorgehen wird nacheinander für alle Sektionen S_i durchgeführt.

6.3.2 Ergebnisse und Validierung

Im Folgenden werden die Ergebnisse der Simulation und entsprechende Validierungsmessungen dargestellt. Die Abbildung 6.19 zeigt die optimierten Verzögerungszeiten zur Prozesstemperaturhomogenisierung für die betrachtete Geometrie aus Abbildung 6.18, welche nach dem zuvor dargestellten Vorgehen auf Basis der sektionsweisen Betrachtung berechnet wurden.

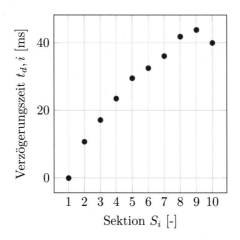

Abbildung 6.19: Berechnete Verzögerungszeiten $t_{d,i}$ zur Prozesstemperaturhomogenisierung des Kreisabschnitts

Mit den so berechneten Verzögerungszeiten können die entsprechenden Programme zur Scannersteuerung abgeleitet werden und die Versuche mittels Thermographie aufgenommen werden. Die Abbildungen 6.20 und 6.21 zeigen die Ergebnisse der Validierungsversuche, wobei zum einen die klassische Bearbeitung mit den natürlichen Sprungzeiten und zum anderen die Bearbeitung mit angepassten Sprungzeiten untersucht wurde.

Die Abbildung 6.20 zeigt die klassische Bearbeitung mit natürlichen Sprungzeiten und somit ein sehr ähnliches Verhalten, wie es bereits in Abbildung 6.17 zu erkennen war. Es kommt auch hier am Rand des Kreisabschnitts zu einer deutlichen Erhöhung der Temperatur. Bei der Betrachtung von Abbildung 6.21 hingegen fällt auf, dass durch die Verwendung angepasster Sprungzeiten die Temperatur über die Sektionen hinweg im Rahmen der normalen Messwertschwankungen konstant bleibt. Die entwickelte Strategie zur Prozesstemperaturhomogenisierung auf Basis einer sektionsweisen Betrachtung und Anpassung der Sprungzeiten kann somit als erfolgreich validiert betrachtet werden.

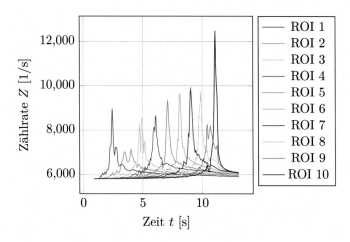

Abbildung 6.20: Thermographiemesswerte der klassische Bearbeitung der Beispielgeometrie mit natürlichen Sprungzeiten

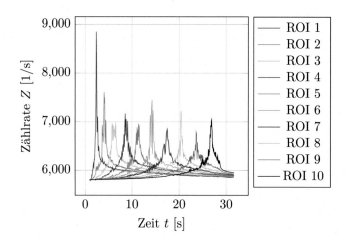

Abbildung 6.21: Thermographiemesswerte der Bearbeitung der Beispielgeometrie mit angepassten Sprungzeiten

6.3.3 Diskussion

Die dargestellten Ergebnisse des vorherigen Unterabschnitts haben gezeigt, dass die entwickelte Strategie zur Prozesstemperaturhomogenisierung für die Bearbeitung von Randbereichen erfolgreich validiert werden konnte. Im Folgenden werden einzelne Aspekte der Ergebnisse noch einmal detailliert betrachtet und weiterführende Überlegungen zur Strategie diskutiert.

Bei der Betrachtung von Abbildung 6.19 fällt auf, dass die notwendige Verzögerungszeit zur Prozesstemperaturhomogenisierung stetig mit jeder Sektion zunimmt, der Wert für die Sektion S_{10} jedoch abfällt. Die Begründung dafür ist in Abbildung 6.22 dargestellt. Abbildung 6.22a zeigt repräsentativ für die ersten 9 Sektionen den Verlauf des simulierten Messwertes des Messbereichs M_6, aus dem der Wert $\vartheta_{\mathrm{homo},6}(t_{d,6})$ berechnet wird. Es ist zu erkennen, dass der durchschnittliche simulierte Messwert des Messbereichs stetig zunimmt. Dies lässt sich auch aus der Lage des Messbereichs innerhalb der Sektion direkt erklären. In Abbildung 6.22b ist hingegen der Verlauf des simulierten Messwerts des Messbereichs M_{10} dargestellt, der sein Maximum bereits kurz vor dem Ende der Simulation erreicht. Dieses abweichende Verhalten kann bei der erneuten Betrachtung von Abbildung 6.18 erklärt werden: Jede der Sektionen S_1 bis S_9 verfügt im Vergleich mit der Sektion S_{10} nur über eine geringe Abnahme der Trajektorienlänge über die Sektionsbreite. In der Sektion S_{10} hingegen werden die Trajektorien sehr schnell kürzer, sodass gerade für die letzten Trajektorien das Verhältnis aus Sprungzeit zu Belichtungszeit ungleich höher ist als in den vorherigen Sektionen. Dies führt im Gegensatz zu allen anderen Sektionen zu einem durchschnittlichen Abkühlen des Materials während der Bearbeitung der letzten Trajektorien. Dies hatte ebenfalls Auswirkungen auf das Newton-Verfahren: Während für einen Großteil der anderen Sektionen mit einem Newton-Schritt bereits die gewünschte Genauigkeit erreicht werden konnte (durch Verlängerung der Verzögerungszeit und damit einem Absenken der maximalen Temperatur), lag für die Sektion S_{10} der Wert $\vartheta_{\mathrm{homo},10}(t_{d,10})$ bereits unterhalb von $\vartheta_{\mathrm{ref,homo}}$. Das Newton-Verfahren hätte an dieser Stelle direkt abgebrochen werden können, allerdings wurde zur Optimierung der Prozesszeit das Newton-Verfahren weiter ausgeführt, damit eine kürzere Verzögerungszeit berechnet werden kann. Dabei kam es jedoch zu einem divergenten Verhalten und es wurde eine manuell gesetzte Verzögerungszeit verwendet, um das gewünschte Temperaturniveau zu erreichen.

Es hat sich durch die Validierungsversuche gezeigt, dass die entwickelte Strategie zur Prozesstemperaturhomogenisierung stark gekrümmter Randbereiche genutzt werden kann. Durch die Anpassung der Sprungzeiten hat sich allerdings die Belichtungsdauer für das Kreissegment von 9,8130 s auf 27,5025 s gesteigert. Dies wirkt zunächst wie eine sehr deutliche Steigerung der Prozesszeit, muss allerdings im Kontext der gesamten Reparatur betrachtet werden. Da diese aus einer Vielzahl an teils zeitaufwendigen Schritten wie bspw. Aufbau einer mobilen Reparaturlösung, dem Fräsen oder auch dem manuellen Einkleben des Reparaturlaminats besteht, und zudem ein Großteil der Reparaturfläche mit rechteckigen Partitionen bearbei-

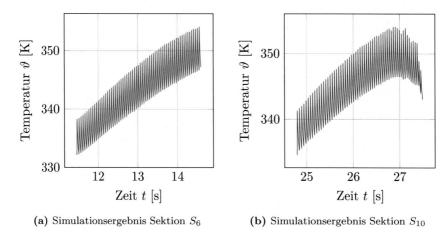

(a) Simulationsergebnis Sektion S_6 (b) Simulationsergebnis Sektion S_{10}

Abbildung 6.22: Besonderheit des Temperaturverlaufs in der letzten Sektion

tet werden kann, fällt diese Steigerung der Prozesszeiten in den Randbereichen nicht ins Gewicht.

Bei der Wahl der Aufteilung der untersuchten Geometrie wurde die Teilung in Sektionen mit einer Breite von 1 mm als Kompromiss zwischen Genauigkeit, Validierungsmöglichkeit, Berechnungskomplexität und resultierender Prozessdauer gewählt. Mit der eingesetzten Thermokamera lässt sich in der untersuchten Einbausituation eine Auflösung von ca. 100 µm realisieren. Dies beschränkt die Anzahl der Partitionen nach oben, da eine weitere Verfeinerung - wie bspw. die Optimierung jeder einzelnen Sprungzeit - praktisch nicht mehr validierbar wäre. Eine so detaillierte Betrachtungsweise ließe sich natürlich durch Simulation umsetzten - und wie gezeigt wurde, liefert das Simulationsmodell auch korrekte Ergebnisse - allerdings steigt der Berechnungsaufwand mit jeder zusätzlichen Partition deutlich an. Auf der anderen Seite spricht für eine feine Partitionierung, dass für die Verzögerungszeit einer Sektion im Wesentlichen die letzten und damit kürzesten Trajektorien relevant sind, da diese ggf. zu einer Temperaturüberhöhung führen. Würde im Extremfall das oben dargestellte Beispiel mit nur einer Sektion untersucht werden, wäre die resultierende Prozessdauer der gesamten Belichtung deutlich länger, da für alle Trajektorien eine durch die letzten sehr kurzen Trajektorien bedingte lange Verzögerungszeit gewählt werden müsste. Bei der späteren Anwendung der entwickelten Methodik sollte daher je nach Art der begrenzenden Kontur und Rechenaufwand des Simulationsmodells entschieden werden, wie die Teilung in Sektionen erfolgen sollte. Dabei wäre als mögliche Erweiterung auch eine ungleiche Teilung in Sektionen denkbar, welche je nach Krümmung der Kontur die Sektionsbreite anpasst und so die Prozesszeit optimiert.

7 Übertragung des Aktivierungsprozesses in die industrielle Anwendung

In den vorangegangenen Kapiteln konnte die Eignung der laserbasierten Klebflächenvorbereitung für die Reparatur von CFK Bauteilen erfolgreich demonstriert werden. Dazu wurden neue Methoden zur Beschreibung und Steuerung des Laserprozesses entwickelt und an zweidimensionalen Geometrien validiert. Für die Übertragung des entwickelten Laserprozesses in die industrielle Anwendung zur Reparatur von CFK Strukturbauteilen im Luftfahrtbereich bedarf es umfangreicher weiterer Entwicklungsarbeiten, sowohl auf technologischer Seite als auch im Bereich der Zulassung des entwickelten Prozesses. Insbesondere die Zulassungsaspekte mit vielfältigen rechtlichen Aspekten und Vorschriften zur Nachweisführung überschreiten den Rahmen der vorliegenden Arbeit und werden daher nicht weiter betrachtet. Es werden im Folgenden allerdings einzelne wesentliche Aspekte der notwendigen technologischen Entwicklung untersucht, um die Grundlagen einer späteren Industrialisierung zu schaffen und die dafür zentralen Aspekte Zeit, Kosten und Qualität zu bewerten.

7.1 3D Bearbeitung

Sowohl im Rahmen der empirischen als auch der virtuellen Prozessentwicklung der vorliegenden Arbeit wurde der Laserprozess auf ebenen Flächen betrachtet. Bei Reparaturstellen an Realbauteilen wird es sich jedoch stets um gekrümmte Freiformflächen aufgrund der typischerweise gekrümmten Bauteile mit einer überlagerten Schäftung handeln. Um den Laserprozess auf derartigen Oberflächen zu realisieren, muss die eingesetzte Systemtechnik in der Lage sein, den Fokuspunkt des Laserstrahls während der Bearbeitung über die gekrümmte Oberfläche zu führen. Dazu wurde bereits zu Beginn der Prozessentwicklung die im Rahmen der vorliegenden Arbeit eingesetzt Werkzeugmaschine mit der in Abschnitt 4.3.2 dargestellten 3D Erweiterung varioSCAN$_{de}$ 20i der Firma Scanlab AG ausgestattet. Dieses Fokussiersystem erlaubt die hochdynamische Anpassung der Fokuslage während der Laserbearbeitung.

Zur Durchführung einer dreidimensionalen Bearbeitung ist zunächst eine Kalibrierung des Fokussiersystems für die gegebene Einbausituation durch die Bestimmung einer Kalibrierungsfunktion notwendig. Dazu werden systematisch Proben entlang der optischen z-Achse positioniert und Linien mit verschiedenen Steuersignalen zur Fokuslage belichtet. Diese Proben werden anschließend optisch ausgewertet und die Fokuslage anhand der Stärke der Belichtung ermittelt. So lässt sich für jede Position entlang der optischen z-Achse das entsprechende Steuersignal bestimmen. Das Steuersignal Z_{3D} des Fokussiersystems ergibt sich mit der Verschiebung $ds = -z \cdot k_s$, welche in negativer z-Richtung des Scansystems definiert ist und dem Kalibrierungsfaktor $k_s = 500$ bit/mm, welcher aus der zweidimensionalen Kalibrierung des Scansystems stammt, zu

$$Z_{3D} = A + B \cdot ds + C \cdot ds^2. \tag{7.1}$$

Mit Hilfe der ermittelten Steuersignale für die experimentell untersuchten Positionen entlang der optischen z-Achse lassen sich die Parameter A, B und C der Gleichung 7.1 über die Methode der kleinsten Quadrate bestimmen. Die berechneten Koeffizienten sind in Tabelle 7.1 dargestellt.

Tabelle 7.1: Koeffizienten der Kalibrierungsfunktion des Fokussiersystems

Koeffizient	Wert	Einheit
A	6,8337345076	[bit]
B	6,833734507	[-]
C	0,000171733	[1/bit]

Mit der untersuchten Schrittweite der Steuersignale ist eine Abweichung von der Fokuslage kleiner 0,1 mm - und damit kleiner 20 % der Rayleighlänge - sichergestellt.

Zur Demonstration der 3D Fähigkeit des Lasersystems wird der Laserprozess auf einem stark gekrümmten M21 Laminat untersucht. Dazu wird das gekrümmte Laminat zunächst mit einer Koordinatenmessmaschine mittels Lasertriangulation vermessen. Zur Berechnung der Steuerungsbefehle für den Scanner - welche als Punkt-zu-Punkt Befehle durch die Angabe der Absolutkoordinaten von Start- und Endpunkt der Trajektorie implementiert sind - werden die Messdaten zunächst interpoliert und auf einem strukturierten Gitter ausgewertet. Diese Gitterpunkte können anschließend für die Ableitung der Steuerungsbefehle genutzt werden. Dabei lässt sich über die gewählte Diskretisierung die maximale Abweichung der Lasertrajektorie von der Ist-Geometrie einstellen.

Die Abbildung 7.1 zeigt im linken Bild das untersuchte Laminat im Bearbeitungsraum der Werkzeugmaschine. Das Laminat ist - wie auch zuvor die Proben im Rahmen der empirischen Prozessentwicklung - angeschliffen, um eine dem Fräsen ähnliche Oberfläche zu schaffen. Das Ergebnis der Bearbeitung ist in Abbildung 7.1 rechts dargestellt. Die bearbeitete Fläche hat eine Größe von 5 mm x 35 mm, wobei die Bearbeitung mit LP4 erfolgt und die Trajektorien entlang der langen Kante - und damit in Richtung des steilsten Anstiegs - ausgerichtet sind. Diese Ausrichtung wurde bewusst so gewählt, um die Dynamik des Fokussiersystems zu prüfen. Im oberen Fall wurde der Fokuspunkt des Lasers über das Fokussiersystem auf der Oberfläche des Laminats geführt, im unteren Fall wurde eine zweidimensionale Bearbeitung als Vergleich durchgeführt, wobei die Fokusebene des Lasers in die Mitte des bearbeiteten Abschnitts gelegt wurde. Die Differenz zwischen dem höchsten und niedrigsten Punkt des bearbeiteten Bereichs beträgt für beide Bereiche $\Delta z = 7{,}62$ mm. Es ist zu erkennen, dass die Fokusnachführung durch das Fokussiersystem zu einem homogenen Bearbeitungsergebnis über den gesamten Bereich führt. Dahingegen ist im unteren Fall deutlich zu erkennen, dass die Intensität des Lasers an den Rändern des Bereichs durch die defokussierte Bearbeitung nicht mehr ausreicht, um ein Freilegen der Fasern zu ermöglichen. Insgesamt lässt sich damit schlussfolgern, dass trotz der Ausrichtung der Trajektorien, die eine hohe dynamische Fokusnachführung erfordert, der Prozess erfolgreich auf stark gekrümmten Oberflächen realisierbar ist und die gewählte Systemtechnik somit auch für einen späteren Einsatz an Realbauteilen geeignet ist.

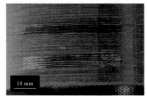

Abbildung 7.1: Untersuchung der 3D Fähigkeit der Systemtechnik: Untersuchtes Laminat (links) und Bearbeitungsergebnis (rechts)

7.2 Kostenanalyse

Im vorangegangenen Abschnitt konnte gezeigt werden, dass die ausgewählten Systemkomponenten für den Einsatz an Realbauteilen geeignet sind. Zudem ist durch die Auswahl eines Faserlasers als Strahlquelle eine Integrierbarkeit der Systemtechnik in verschiedenste Maschinenkonzepte möglich. Im Folgenden wird eine Kostenanalyse für die ausgewählte Systemtechnik durchgeführt, um die Wirtschaftlichkeit des Verfahrens zu analysieren. Methodisch wird dabei so vorgegangen, dass ausschließlich die Lasersystemtechnik betrachtet wird. Dadurch ist die nachfolgende Analyse unabhängig von der späteren, konkreten Umsetzung der Lasersystemtechnik in ein Maschinenkonzept.

7.2.1 Herleitung des Maschinenstundensatzes

Zur Bewertung der Kosten des entwickelten Verfahrens wird im Folgenden zunächst der Maschinenstundensatz nach [79, S. 145ff.] berechnet. Die Anschaffungskosten der eingesetzten Komponenten der Lasersystemtechnik (Laserstrahlquelle, Scanner, Fokussiersystem, Steuerkarte, Umlenkspiegel) einschließlich des notwendigen Zubehörs (Datenkabel, Netzteile etc.) belaufen sich auf ca. 50.000 €. Dabei stellt die Strahlquelle den größten Anteil dar. Tabelle 7.2 gibt einen Überblick über die einzelnen Kostenarten, aus denen sich der Maschinenstundensatz ergibt. Die erklärungsbedürftigen Kostenarten werden im Folgenden einzeln diskutiert.

Tabelle 7.2: Berechnung des Maschinenstundensatzes

Kostenart	Berechnung	Kosten
Kalkulatorische Abschreibung	Abschreibungsbetrag pro Jahr / Maschinenstunden pro Jahr	20,00 €
Kalkulatorische Zinsen bei 5%	Gebundenes Kapital x Zinssatz / Maschinenstunden pro Jahr	5,00 €
Instandhaltung und Wartung	Pauschal	3,00 €
Raumkosten	Raumkosten pro Jahr / Maschinenstunden pro Jahr	0,24 €
Energiekosten	Energiekosten pro Jahr / Maschinenstunden pro Jahr	0,06 €
		28,30 €

Kalkulatorische Abschreibungen

Zur Berechnung des Abschreibungsbetrags pro Jahr wird die AfA (Absetzung für Abnutzung) Tabelle des Bundesministeriums der Finanzen für den Wirtschaftszweig Maschinenbau [80] herangezogen. Diese Tabelle weist unter dem Punkt 4.2 eine Nutzungsdauer von fünf Jahren für Lasertechnik aus. Neben der Nutzungsdauer der Systemtechnik ist die Anzahl der Maschinenstunden pro Jahr die zweite wesentliche Größe zur Berechnung des Abschreibungsbetrags. Zur Kalkulation der Maschinenstunden pro Jahr muss beachtet werden, dass die Laserbearbeitung lediglich einen Teil der komplexen Prozesskette zur Reparatur von Strukturbauteilen darstellt. Diese wird im nachfolgenden Abschnitt detaillierter betrachtet, besteht jedoch im Wesentlichen aus den Schritten Schadensdetektion, Vermessung, Zerspanung, Laserbearbeitung und Aufbau und Aushärtung des Reparaturpatches. Dabei kann davon ausgegangen werden, dass im Einschichtbetrieb, d.h. bei acht Stunden pro Tag, die Laseranlage ca. zwei Stunden pro Tag im Einsatz ist. Bei 250 Arbeitstagen jährlich ergibt sich eine Anzahl von 500 Maschinenstunden pro Jahr.

Instandhaltung und Wartung

Sowohl der Faserlaser als auch die optischen Teile der Systemtechnik sind praktisch wartungsfreie Komponenten, die keine regelmäßigen Instandsetzungsmaßnahmen benötigen. Zur konservativen Abschätzung wird dennoch ein Service-Einsatz pro Jahr mit Kosten in Höhe von 1.500 € kalkuliert und auf die 500 Maschinenstunden pro Jahr umgelegt.

Raum- und Energiekosten

Für die gesamte Lasersystemtechnik inkl. notwendiger Peripherie wie Montagemittel, Transportbehältnisse, Versorgungsleitungen etc. wird ein Raumbedarf von $1\,m^2$ veranschlagt. Dafür werden monatliche Kosten für Miete sowie weitere Raumkosten wie Heizung etc. in Höhe von $10\,\text{€}/m^2$ angesetzt. Zur Berechnung der Energiekosten wird die Leistungsaufnahme der einzelnen Systemkomponenten betrachtet. Die Leistungsaufnahme des Scanners und des Fokussiersystems beträgt lt. Datenblatt zusammen 135 W. Zur Berechnung der Leistungsaufnahme des Lasers wird von einer maximalen Ausgangsleistung des Lasers von 18 W und einem für klassische Festkörperlaser typischen Wirkungsgrad des Gesamtsystems von 10 % [45, S. 162] ausgegangen, sodass mit einer Leistungsaufnahme von 180 W kalkuliert wird. Insgesamt resultiert daraus eine Leistungsaufnahme von 315 W und somit bei 500 Betriebsstunden ein jährlicher Strombedarf von 157,5 kWh. Die Energiekosten belaufen sich somit bei einem Strompreis von 19 Cent pro kWh (Stand 2019, [81]) auf 29,93 € jährlich.

Zusammenfassung

Mit den betrachteten Kostenarten ergibt sich für die Lasersystemtechnik ein Maschinenstundensatz von 28,30 €. Dieser muss in der späteren Umsetzung zzgl. des Maschinenstundensatzes der Maschinentechnik zur Positionierung des Lasersystems (wie bspw. einer Werkzeugmaschine oder einem Roboter) betrachtet werden. Zur Einordnung dieses Maschinenstundensatzes erfolgt im nächsten Abschnitt eine Wirtschaftlichkeitsbetrachtung.

7.2.2 Wirtschaftlichkeitsbetrachtung

Im Rahmen der folgenden Wirtschaftlichkeitsbetrachtung wird die Fragestellung untersucht, inwieweit sich durch den Einsatz des entwickelten Verfahrens zur laserbasierten Klebflächenvorbereitung Kostenvorteile gegenüber herkömmlichen oder alternativen Verfahren realisieren lassen. Die Bewertung der Wirtschaftlichkeit erfolgt dabei zur besseren Anschaulichkeit anhand einer beispielhaften Reparaturstelle.

Zur Betrachtung der Wirtschaftlichkeit des entwickelten Verfahrens wird zunächst die Vergleichbarkeit des Verfahrens mit Alternativlösungen diskutiert. In der Darstellung des Stands von Wissenschaft und Technik in Kapitel 3 wurden verschiedene, nicht-laserbasierte Verfahren zur Klebflächenvorbereitung erläutert. Ein direkter Vergleich des im Rahmen der vorliegenden Arbeit entwickelten Verfahrens mit einem der nicht-laserbasierten Verfahren gestaltet sich aus verschiedenen Gründen schwierig: Zum einen wurden Verfahren wie die chemische Vorbehandlung betrachtet, die aufgrund ihrer Verfahrenscharakteristik nicht in gleichem Maß wie ein laserbasiertes Verfahren geeignet ist, industriell für Luftfahrtbauteile eingesetzt zu werden. Zum anderen wurden Verfahren wie bspw. die Plasmavorbehandlung betrachtet, welche zwar prinzipiell auch für automatisierte Produktionsverfahren eingesetzt werden können, jedoch bisher kaum Daten aus praxisrelevanten Anwendungen für diese Verfahren als Berechnungsgrundlage vorliegen. Zudem wird durch die laserbasierte Oberflächenaktivierung eine Klebfläche geschaffen, welche mit keinem anderen Verfahren in der Weise erzielbar ist. So lässt sich zwar auch durch die Plasmabehandlung die Klebfestigkeit steigern, jedoch können keine oberflächennahen Fasern freigelegt und somit die mechanische Adhäsion verbessert werden. Eine faktische Vergleichbarkeit der laserbasierten Klebflächenvorbereitung liegt daher mit keinem anderen der dargestellten Verfahren vor. Somit ist ein Vergleich hinsichtlich der Wirtschaftlichkeit im Wesentlichen nur mit dem bisher eingesetzten, konventionellen Reparaturverfahren sinnvoll. Dieser Verfahrensvergleich wird im Folgenden erläutert.

Die zentralen Randbedingungen des konventionellen Reparaturansatzes wurden bereits in Abschnitt 2.3 dargelegt. Es wurde dabei aufgezeigt, dass aufgrund der Zulassungsvorschriften heutzutage strukturelle Klebverbindungen mit zusätzlichen Befestigungsmitteln ausgestattet werden müssen, bei deren Auslegung davon ausgegangen wird, dass die Klebung vollständig versagt. Wird zukünftig eine Zulassung des im Rahmen der vorliegenden Arbeit entwickelten Verfahrens zur laserbasierten Klebflächenvorbereitung für die Durchführung struktureller Klebreparaturen erreicht, kann auf eben diese Befestigungsmittel verzichtet werden.

Die Prozessketten zur konventionellen und laserbasierten Reparatur unterscheiden sich somit in den Punkten der Klebflächenvorbereitung sowie im Schritt nach dem Einkleben der Reparaturlagen: Im Anschluss an das Fräsen der Reparaturstelle erfolgt bei ersterer typischerweise nur eine Lösemittelreinigung, wohingegen bei letzterer an dieser Stelle die laserbasierte Klebflächenvorbereitung, wie in den vorangegangenen Kapiteln beschrieben, durchgeführt wird. Nach dem Einkleben des Reparaturmaterials muss im Gegensatz zur angestrebten laserbasierten Prozesskette bei der konventionellen Reparatur nachfolgend eine Verbindung mittels Nieten zwischen dem Primär- und Reparaturlaminat hergestellt werden. Dieser wesentliche Unterschied zwischen den Prozessketten wird im Folgenden überschlägig anhand einer Beispielgeometrie untersucht.

Für eine realitätsnahe Betrachtung wird eine beispielhafte Reparaturstelle mit einer Fläche von $2500\,\mathrm{cm}^2$ betrachtet. Es werden dabei zunächst die Kosten der laserbasierten Klebflächenvorbereitung untersucht. Die zu bearbeitende Fläche der Reparaturstelle überschreitet den Bearbeitungsbereich des Scanners von ca. $100\,\mathrm{cm}^2$ deutlich, sodass das Gebiet partitioniert werden muss und eine sequenzielle Bearbeitung der einzelnen Partitionen erfolgt. Die Bearbeitung soll dabei mittels des in Kapitel 5 als Vorzugsparameter identifizierten Parameters LP7 erfolgen, welcher über eine Flächenrate von $103{,}6\,\mathrm{mm}^2\,\mathrm{s}^{-1}$ verfügt. Es wird davon ausgegangen, dass zusätzlich zur Hauptzeit des Prozesses 10% Nebenzeiten zur Positionierung des Scanners benötigt werden. Die Hauptzeit des Prozesses setzt sich dabei aus der Bearbeitungszeit rechteckiger Partitionen - die mit LP7 und der angegebenen Flächenrate bearbeitet werden - und der Bearbeitungszeit der Randbereiche, die mit einer angepassten Belichtungsstrategie bearbeitet werden müssen, zusammen. Basierend auf der in Abschnitt 6.3 untersuchten Geometrie eines Kreisteils wird

für die Bearbeitung der Randbereiche von einer Verlängerung der Bearbeitungszeit aufgrund der angepassten Belichtungsstrategie um den Faktor drei ausgegangen. Für das vorliegende Beispiel wird angenommen, dass 20% der Fläche zu den
Randbereichen zählen. Mit den zugrunde gelegten Annahmen ergibt sich für die
beispielhafte Reparaturstelle eine Bearbeitungszeit von 3753,89 s (62,6 min), welche
sich aus 1930,5 s zur Bearbeitung der rechteckigen Partitionen, 1448,0 s zur Bearbeitung der Randbereiche und 375,39 s Nebenzeiten zusammensetzt. Mit dem zuvor
berechneten Stundensatz resultiert die Bearbeitungszeit in Bearbeitungskosten für
den Prozessschritt der Klebflächenvorbereitung auf der Seite der Lasersystemtechnik von 29,53 €. Zu diesen Kosten müssen wie zuvor erwähnt die Kosten für die
übrige Maschinentechnik addiert werden. Wird zur konservativen Abschätzung davon ausgegangen, dass sich durch die übrige Maschinentechnik der Stundensatz
verdreifacht, liegen die Gesamtkosten für die laserbasierte Klebflächenvorbereitung
bei etwa 90 €.

Im Vergleich dazu wird im Folgenden der Schritt des mechanischen Verbindens von
Primär- und Reparaturlaminat mittels Nieten als Teil der konventionellen Prozesskette betrachtet. Es wird davon ausgegangen, dass bereits im Rahmen der Arbeits-
vorbereitung die Klebverbindung mechanisch ausgelegt wurde und dabei auch die
Lage und die notwendige Festigkeit der Nieten berechnet wurde. Auf dieser Basis
müssen die folgenden manuellen Arbeitsschritte ausgeführt werden:

- Einmessen und Anzeichnen der Nietpositionen

- Bohren der Nietlöcher

- Reinigung des Bauteils

- Montieren der Nieten

- Qualitätskontrolle der Nietverbindungen

Die in Abbildung 7.2 beispielhaft dargestellte Reparaturstelle macht deutlich, dass
die aufgezeigten Arbeitsschritte für die benötigte Anzahl von Nieten bei strukturellen Reparaturen einen erheblichen Aufwand darstellen.

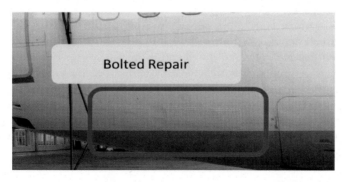

Abbildung 7.2: Genietete Rumpfreparatur [82]

Für die betrachtete Beispielgeometrie wird daher für die zuvor genannten Arbeitsschritte von einem geschätzten Zeitaufwand von ca. fünf Arbeitsstunden einschließlich Bereitstellungszeiten ausgegangen, wobei ein wesentlicher Teil der benötigten Zeit auf die Zerspanung fällt. Bei einem angenommenen Facharbeiterstundensatz von 50 € entstehen somit reine Personalkosten in Höhe von 250 € zzgl. der Kosten für Material (Nieten, Reinigungsmittel) sowie der Werkzeugkosten (Messgeräte, Bohrwerkzeug, Absaugvorrichtung, etc.). Für die letzten beiden Kostengruppen werden zur groben Abschätzung Kosten in Höhe von 50 € veranschlagt. Selbst wenn davon ausgegangen wird, dass die Zerspanung einschließlich der dazugehörigen Positionierung durch ein automatisiertes Fertigungssystem wie bspw. einen Roboter ausgeführt wird, bleiben aufwändige, manuelle Arbeitsschritte wie das Montieren der Nieten sowie die Qualitätskontrolle der hergestellten Nietverbindungen, sodass auch in diesem Fall von Personalkosten in Höhe von 100 € ausgegangen wird. Darüber hinaus müssen im automatisierten Fall die Maschinenkosten des Fertigungssystems berücksichtigt werden. Diese werden gemeinsam mit den Material- und Werkzeugkosten zur groben Abschätzung ebenfalls mit 100 € veranschlagt. Es ergeben sich auf Basis dieser Abschätzungen somit Kosten für die mechanische Verbindung von Primär- und Reparaturlaminat in Höhe von 200 € bis 300 €. Somit führt zwar der Einsatz der laserbasierten Klebflächenvorbereitung zu einem Mehraufwand gegenüber der konventionellen Klebflächenvorbereitung, gleichzeitig ergeben sich durch den Wegfall der Nietverbindung von Primär- und Reparaturlaminat allerdings Einsparungen, die diesen Mehraufwand mehr als kompensieren. Im untersuchten Beispiel würde der Mehraufwand in Höhe von 90 € im Prozessschritt der Klebflächenvorbereitung zu einer Gesamtersparnis in Höhe von mindestens 110 € führen.

Für einen Vergleich der konventionellen und laserbasierten Prozessvariante muss an dieser Stelle zusätzlich beachtet werden, dass sich durch die Nieten das Gewicht des Flugzeugs erhöht und - sofern es sich um Bauteile der Außenhülle handelt - die aerodynamischen und optischen Eigenschaften des Flugzeugs vermindert werden.

Es zeigt sich daher, dass durch den Einsatz der laserbasierten Klebflächenvorbereitung und einen damit einhergehenden Wegfall der mechanischen Verbindung von Primär- und Reparaturlaminat ein signifikanter Kostenvorteil gegenüber dem konventionellen Reparaturverfahren realisiert werden kann. Darüber hinaus wird die Prozesszeit durch den Wegfall aufwändiger manueller Tätigkeiten sowie von Zerspanzeiten deutlich verkürzt und die Qualität der Reparatur durch eine Gewichtsreduktion sowie eine günstigere Aerodynamik verbessert. Insgesamt lässt sich somit feststellen, dass mit dem entwickelten Laserprozess und der ausgewählten Systemtechnik ein wirtschaftlicher Reparaturprozess ermöglicht wird, der in allen drei Dimensionen Zeit, Kosten und Qualität einen Vorteil gegenüber dem konventionellen Ansatz darstellt.

7.3 Prozesskettenintegration

Als letzter Aspekt der Industrialisierung wird im folgenden Abschnitt die Integration des entwickelten Laserprozesses in die Prozesskette zur Reparatur von CFK Strukturbauteilen analysiert. Dazu erfolgt zunächst eine Einordnung der Klebflächenvorbereitung in die Prozesskette sowie eine Darstellung bisheriger systemtechnischer Umsetzungsvarianten. Auf Basis einer Systemlösung wird anschließend die Laserintegration konzeptionell diskutiert und es werden zentrale Aspekte der Steuerung und Qualitätssicherung beleuchtet, bevor im letzten Schritt eine zusammenfassende Bewertung hinsichtlich der Industrialisierung des entwickelten Prozesses vorgenommen wird. Dabei wird im Folgenden davon ausgegangen, dass das entwickelte Verfahren zur Klebflächenvorbereitung eine Zulassung zur strukturellen Reparatur erlangt hat und somit keine Verbindung durch mechanische Verbindungsmittel zwischen Primär- und Reparaturlaminat hergestellt werden muss.

Die Prozesskette zur Reparatur von CFK Strukturbauteilen setzt sich nach [27] aus den in Abbildung 7.3 dargestellten Schritten zusammen. Nach der erfolgten Schadenserkennung (bspw. durch Ultraschall oder Thermographie) muss eine material- und lastangepasste Berechnung einer Reparaturgeometrie erfolgen. Diese kann durch verschiedene Verfahren wie Fräsen oder Laserablation hergestellt werden. Im nächsten Schritt erfolgt die im Rahmen der vorliegenden Arbeit untersuchte Klebflächenvorbereitung. Im letzten Schritt kann die beschädigte Stelle durch die zuvor erläuterten Verfahren wie bspw. das *Co-Bonding* wiederhergestellt werden.

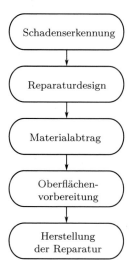

Abbildung 7.3: Prozesskette der Reparatur von CFK Strukturbauteilen

Den zentralen Ansatzpunkt für eine automatisierte Reparaturlösung bildet in der dargestellten Prozesskette der Schritt des Materialabtrags. Während in der Vergangenheit Schäftungen mittels Handschleifgeräten manuell eingebracht wurden, ist zur reproduzierbaren und industriell skalierbaren Fertigung eine automatisierte Produktionstechnik notwendig. Dazu existieren heute bereits verschiedene Lösungen, die ein automatisiertes Entfernen des beschädigten Materials durch Fräsen ermöglichen. Zwei dieser Lösungen sind in Abbildung 7.4 dargestellt. Dabei handelt es sich zum einen um eine mobile Roboterlösung[1] auf Basis eines KUKA Industrieroboters. Diese Lösung wird heute bereits durch die Lufthansa Technik AG für mobile Reparaturen eingesetzt [83]. Die zweite dargestellte Lösung wurde durch das wehrwissenschaftliche Institut für Werk- und Betriebsstoffe entwickelt und verfolgt anstelle der Nutzung eines Industrieroboters den Ansatz einer mobilen Fünf-Achs Werkzeugmaschine.

Abbildung 7.4: Mobile Reparaturlösungen zum automatisierten Schäften auf Basis eines Industrieroboters (links) und einer Fünf-Achs-Maschine (rechts, [70])

Aufgrund der höheren Flexibilität und der leichteren Integrierbarkeit der Lasersystemtechnik wird im Folgenden die mobile Roboterlösung als Basis für den entwickelten Laserprozess betrachtet und die Erweiterung der Roboterlösung um die benötigte Lasersystemtechnik konzeptionell diskutiert.

Für eine laserbasierte Oberflächenvorbereitung muss die Prozesskette der automatisierten Schäftung mittels Roboter um folgende Schritte erweitert werden:

- **Umrüsten:** Nach erfolgter Fräsbearbeitung muss der Fräskopf des Roboters demontiert und ein Bearbeitungskopf für die Lasertechnik - bestehend aus Scanner, Fokussiersystem und Umlenkspiegeln - montiert werden.

- **Digitalisierung:** Die gefräste Oberfläche muss zur Erfassung der Ist-Geometrie nach der spanenden Bearbeitung bspw. durch am Roboter befestigte Triangulationssensoren vermessen werden, sodass die zu bearbeitende Oberfläche relativ zum Roboterkoordinatensystem bekannt ist. Diese Daten dienen im nächsten Schritt zur Vorbereitung der Laserbearbeitung.

- **Ableitung der Bearbeitungsstrategie:** Auf Basis der vermessenen Bauteiloberfläche muss zunächst eine Partitionierung der zu bearbeitenden Fläche

---

[1]Bild mit freundlicher Genehmigung durch die Lufthansa Technik AG zur Verfügung gestellt

berechnet werden, die die maximale Größe des Arbeitsfeldes des Scanners berücksichtigt. Dabei erfolgt eine Aufteilung in rechteckige Partitionen und Partitionen mit gekrümmten Randbereichen. Während die ersteren gleichmäßig mit einem Laserparameter belichtet werden können, muss für die Randbereiche jeweils eine angepasste Belichtungsstrategie auf Basis der in Abschnitt 6.3 entwickelten Methodik berechnet werden. Mit Hilfe dieser Informationen kann anschließend für jede Partition ein Programm zur Steuerung des Lasers und des Scanners abgeleitet werden.

- **Laseraktivierung:** Mit den vorliegenden Vermessungsdaten und berechneten Bearbeitungsprogrammen kann der Roboter über einer Partition positioniert und das entsprechende Programm zur Laseraktivierung ausgeführt werden. Auf diese Weise lässt sich die gesamte Reparaturstelle sequenziell bearbeiten.

Die vorhergehende Darstellung der Prozesskette zur roboterbasierten Klebflächenvorbereitung mittels Laseraktivierung zeigt deutlich, dass zur vollständigen Industrialisierung des Prozesses umfangreiche Entwicklungsarbeiten speziell im Bereich der Softwareentwicklung notwendig sind. Daneben sind weitere wichtige Aspekte zur Umsetzung der Technologie in einem Produktionsumfeld zu klären. Ein zentrales Thema nimmt dabei die Qualitätssicherung ein. So muss zum einen sichergestellt werden, dass der Laser die eingestellte Leistung tatsächlich ausgibt. Dies lässt sich bspw. durch kompakte Leistungsmessgeräte realisieren, die in den Strahlengang geschwenkt werden können und vor jeder Bearbeitung eine Leistungsmessung durchführen. Zum anderen sollte eine Prozessüberwachung implementiert werden, um sicherzustellen, dass eine Prozesstemperatur innerhalb eines zulässigen Prozessfensters vorliegt. Dafür könnte bspw. eine Thermokamera eingesetzt werden, vergleichbar zu der in der vorliegenden Arbeit zur Prozessentwicklung genutzten Thermokamera. Alternativ dazu ließe sich ein einfaches Pyrometer nutzen, welches zwar nicht über die örtliche Auflösung der Thermokamera verfügt, jedoch in verschiedenen Laserprozessen zur Messung des Prozessleuchtens eingesetzt wird und eine kostengünstige Alternative zu einer Thermokamera darstellt.

Die vorangegangenen Ergebnisse zeigen, dass der entwickelte Prozess sowohl für zweidimensionale als auch dreidimensionale Geometrien eingesetzt werden kann und qualitativ hochwertige Ergebnisse erzielt, die die Forschungshypothese erfüllen. Gleichzeitig ist durch die ausgewählte Lasersystemtechnik sichergestellt, dass wirtschaftliche Bearbeitungsgeschwindigkeiten realisiert werden können und eine kosteneffiziente Klebflächenvorbereitung ermöglicht wird. Der entwickelte Prozess erreicht damit in allen drei Dimensionen Zeit, Kosten und Qualität ein Niveau, dass vielversprechende Industrialisierungsmöglichkeiten begründet. Darüber hinaus konnte aufgezeigt werden, dass sich der Prozess in bereits bestehende Systeme zur automatisierten Reparatur von CFK Strukturbauteilen integrieren lässt und somit eine Umsetzung in die industrielle Anwendung zügig erreicht werden kann.

8 Zusammenfassung

Kohlenstofffaserverstärkter Kunststoff ist einer der zentralen Konstruktionswerkstoffe moderner Verkehrsflugzeuge, dessen Einsatz stetig zunimmt. Neben der Herstellung stellt dabei die Reparatur von CFK Bauteilen eine zentrale Herausforderung für einen großvolumigen Einsatz dar und bildet ein Schlüsselelement für einen wirtschaftlichen Betrieb. Aufgrund der Faserverstärkung wäre eine rein adhäsive Reparatur von CFK Strukturbauteilen der vorteilhafteste Ansatz, welcher jedoch aufgrund von Zulassungsvorschriften bis heute nicht eingesetzt werden kann. Hintergrund dafür ist die unzureichende Reproduzierbarkeit von Klebverbindungen. Aus diesem Grund werden bei Reparaturen heutzutage zusätzliche Verbindungselemente eingesetzt, wodurch allerdings die Fasern geschädigt werden und sich das Gewicht sowie die Kosten der Reparaturstelle erhöhen. Um eine zukünftige Zulassung einer rein adhäsiven Verbindung vorzubereiten, wurde in der vorliegenden Arbeit der zentrale Aspekt der Klebflächenvorbereitung untersucht, welcher die Qualität einer Klebverbindung maßgeblich beeinflusst. Dabei wurde der Laser aufgrund seines hohen Industrialisierungspotentials als Werkzeug gewählt. Für die laserbasierte Klebflächenvorbereitung wurden neue Methoden zur Beschreibung und Steuerung des Laserprozesses entwickelt und auf deren Basis die zentrale Forschungshypothese der Arbeit untersucht, inwieweit durch eine geeignete Prozessstrategie eine gleichmäßige Oberflächenaktivierung erfolgt und sich die Eigenschaften einer geklebten CFK Verbindung hinsichtlich Versagensart und -last einstellen lassen. Für diese Entwicklung wurde ein dualer Ansatz aus empirischer und virtueller Prozessentwicklung verfolgt.

Konventionelle Beschreibungen von Laserprozessen durch Laser- und Prozessparameter wie Pulsenergie oder Scangeschwindigkeit geben keinen direkten Aufschluss über das thermische Prozessverhalten, welches gerade für temperatursensible Materialien wie CFK entscheidend ist. Aus diesem Grund wurden im Rahmen der empirischen Prozessentwicklung zunächst thermische Prozessmodelle zur Beschreibung der Prozesstemperaturentwicklung hergeleitet. Diese wurden auf Basis von Thermographiemessungen durch eine Regressionsanalyse entwickelt, statistisch überprüft und validiert. Mit Hilfe dieser Prozessmodelle lässt sich die Entwicklung der Prozesstemperatur charakterisieren und es konnten Parameterkombinationen hergeleitet werden, die eine homogene Prozesstemperatur und damit eine homogene Klebflächenvorbereitung erlauben. Diese Parameterkombinationen wurden in einem vollfaktoriellen Versuchsplan untersucht und die Ergebnisse hinsichtlich ihrer optischen, chemischen und mechanischen Eigenschaften bewertet. Dabei konnte gezeigt werden, dass ein Freilegen der Fasern ohne eine Schädigung möglich ist. Es zeigte sich jedoch auch, wie wichtig eine systematische Analyse von REM Aufnahmen aufgrund deutlich sichtbarer Schwankungen zwischen den Messpunkten einer einzelnen Probe ist. Durch die eingesetzte Verfahrenskombination aus REM und LSM konnte ein deutlicher Erkenntnisgewinn gegenüber der herkömmlichen ausschließlichen Betrachtung von REM Aufnahmen erzielt werden, da der Aspekt des Aufstellens von Fasern durch die Erweiterung mittels LSM beschreibbar wurde. Die herkömmliche optischen Analyse konnte somit um dreidimensionale Informationen erweitert werden. Darüber hinaus konnte durch Querschnittsaufnahmen des Materials die Tiefenwirkung des Prozesses dargestellt werden. Die chemische Analyse der Oberfläche laseraktivierter Proben mittels XPS ergab, dass zwar durch das eingesetzte Verfahren keine Anlagerung funktionellen Gruppen nachgewiesen werden konnte, sich das Verfahren aber nutzen lässt, um den Effekt der Faktoren des Versuchsplans hinsichtlich der Freilegung der Fasern zu bewerten. So konnte gezeigt werden, dass die Pulsenergie einen klaren Einfluss auf den Freilegungsgrad hat. Im letzten Schritt der empirischen Prozessentwicklung wurden laseraktivierte, geschäftete Proben adhäsiv gefügt und mittels eines Zugversuches mechanisch getestet. Es zeigte sich, dass durch die laserbasierte Klebflächenvorbereitung eine Steigerung der mechanischen Festigkeit von ca. 2% bis 8% erzielbar ist, wobei ein vornehmlich kohäsives Versagen und damit ein definierter Versagensmechanismus erreicht wird.

Im Rahmen der virtuellen Prozessentwicklung wurde der empirisch auf einfachen, rechteckigen Testgeometrien entwickelte Prozess auf komplexe, anwendungsrelevante Geometrien übertragen. Dazu wurde ein transientes, dreidimensionales Finite Elemente Modell hergeleitet und mittels Thermographiemessungen kalibriert. Mit Hilfe dieses Modells wurden zwei Fragestellungen betrachtet, die experimentell nur mit großem Aufwand analysierbar wären. Zunächst wurde die Bearbeitung von überlappten Bereichen untersucht, welche bei der Klebflächenvorbereitung von partitionierten Gebieten auftreten. Des Weiteren wurde die Bearbeitung von gekrümmten Bereichen untersucht, welche am Rand realer Reparaturgeometrien vorliegen und in denen es durch herkömmliche Ansätze zur Prozesssteuerung zu einer Temperaturüberhöhung kommt. Durch eine Kombination aus der transienten FEM Berechnung, einer Formulierung der Temperaturentwicklung als Nullstellenproblem sowie Ansätzen zur Komplexitätsreduzierung konnte eine effiziente Methodik zur Berechnung einer angepasster Bearbeitungsstrategie entwickelt werden. Diese Strategie auf Basis variabler Sprungzeiten resultiert auch für gekrümmte Randbereiche in einer homogenen Prozesstemperatur, wie mittels thermographiebasierten Validierungsmessungen demonstriert werden konnte.

Durch die entwickelten Methoden zur Beschreibung und Steuerung des Laserprozesses konnte der Stand von Wissenschaft und Technik um die Möglichkeit erweitert werden, die Prozesstemperatur bei der Klebflächenvorbereitung zu kontrollieren. Die empirisch entwickelten Prozessmodelle bilden dabei einen einfachen und effizienten Ansatz zur Sicherstellung homogener Prozesstemperaturen, welche gerade für temperatursensible Materialien und Prozesse essenziell sind. Die virtuell hergeleitete Strategie zur Bearbeitung von gekrümmten Bereichen ermöglicht auch für komplexe Geometrien eine Steuerung der Prozesstemperatur. Hinsichtlich der Klebflächenvorbereitung konnten Möglichkeiten und Grenzen der heute eingesetzten optischen Charakterisierung aufgezeigt und Ansätze zur Erweiterung im Bereich dreidimensionaler Messtechnik erarbeitet werden. Darüber hinaus wurde zur mechanischen Prüfung ein anwendungsrelevanter Lastfall untersucht und die Eignung des entwickelten Verfahrens zur Klebflächenvorbereitung nachgewiesen. Insgesamt konnten somit die zentralen Forschungsbedarfe und Entwicklungsziele der vorliegenden Arbeit beantwortet und die Forschungshypothese bestätigt werden.

Die abschließende Untersuchung von Ansätzen zur Übertragung des entwickelten Prozesses in die industrielle Anwendung hat gezeigt, dass durch die ausgewählte Systemtechnik eine kosteneffiziente Klebflächenvorbereitung ermöglicht wird. Diese lässt sich zudem in bestehende Lösungen zur mobilen Reparatur von CFK Strukturbauteilen integrieren, sodass der entwickelte Prozess nach einer späteren Zulassung als Teil einer qualitätsgesicherten, automatisierten Reparaturprozesskette eingesetzt werden kann.

9 Ausblick

Die im Rahmen der vorliegenden Arbeit entwickelten Methoden zur Beschreibung und Steuerung gepulster Laserbearbeitungsprozesse konnten erfolgreich sowohl für einfache als auch komplexe zweidimensionale Geometrien validiert werden. Zudem konnte der auf Basis dieser Methoden entwickelte Prozess zur Klebflächenvorbereitung von CFK erfolgreich demonstriert werden. Über den Luftfahrtkontext hinaus ließe sich der Prozess somit auch in weiteren Bereichen wie bspw. der Reparatur von CFK Strukturbauteilen im Automobilbau anwenden, welche ebenfalls bis heute eine signifikante Herausforderung dargestellt. Speziell für nachfolgende Forschungsarbeiten ergeben sich vier wesentliche Handlungsfelder, welche auf den Ergebnissen der vorliegenden Arbeit aufbauen.

Vertiefte Prozessanalyse

Zur weiteren Vertiefung des Prozessverständnisses ist es notwendig, den Tiefeneffekt des Laserprozesses mittels Ionenschnitten weiter zu untersuchen. Dabei sollten möglichst große dreidimensionale Volumina betrachtet werden, indem bspw. mittels fokussierter Ionenstrahlung eine bearbeitete Probe in feine Scheiben getrennt wird und diese einzeln betrachtet werden. Diese Untersuchung sollte für verschiedene Arten von Halbzeugen durchgeführt werden, um die Einflüsse von Anzahl und Größe harzreicher Regionen erfassen zu können. Dabei sollten Laserquellen verschiedener Wellenlängen zum Einsatz kommen, um auch den Einfluss der wellenlängenabhängigen Transmission und Absorption zu berücksichtigen. Auf diese Weise könnte eine quantifizierte Aussage über Anzahl und Lage der Schädigungen im Material erfolgen. Neben der optischen Analytik sollte auch die chemische Analytik dahingehend vertieft werden, dass durch entsprechende XPS Messgeräte eine ausschließliche Betrachtung der Faseroberfläche und eventuell vorhandener funktioneller Gruppen erfolgt.

Die mechanische Prüfung der laserbearbeiteten Proben hat gezeigt, dass ein adhäsives Versagen auf der Seite des Primärlaminats vermieden und ein weitgehend kohäsives Versagen mit teils adhäsivem Versagen auf der Seite des Reparaturlaminats erzielt werden konnte. Zur Vorbereitung einer späteren Zulassung struktureller Klebreparaturen sollte an dieser Stelle der *Co-Bonding* Prozess tiefgehend analysiert und derart weiterentwickelt werden, dass sich ein rein kohäsives Versagen einstellt und die Klebverbindung damit verlässlich auslegbar wird.

© Der/die Herausgeber bzw. der/die Autor(en), exklusiv lizenziert durch Springer-Verlag GmbH, DE, ein Teil von Springer Nature 2020
P. Thumann, *Laserbasierte Klebflächenvorbereitung für CFK Strukturbauteile*, Light Engineering für die Praxis,
https://doi.org/10.1007/978-3-662-62241-4_9

Erweiterung der entwickelten methodischen Ansätze

Die empirisch entwickelten Modelle zur Homogenisierung der Prozesstemperatur wurden in der vorliegenden Arbeit für unidirektionale *Prepregs* hergeleitet und konnten für diesen Anwendungsfall ihre Leistungsfähigkeit nachweisen. Durch eine Parametrisierung der Modelle und die thermographische Analyse weiterer Versuche ließen sich die Modelle auch auf andere, anwendungsrelevante Materialsysteme und beliebige Faserorientierungen übertragen. Dies würde eine schnelle Industrialisierung der Methodik für verschiedene Anwendungen ermöglichen.

Im Rahmen der virtuellen Prozessentwicklung wurden Methoden zur Berechnung einer angepassten Prozessstrategie für die Homogenisierung der Prozesstemperatur in Rand- und Überlappbereichen hergeleitet. Die zugrunde liegenden numerischen Modelle sollten im Rahmen zukünftiger Arbeiten für beliebige Freiformflächen erweitert werden. Insbesondere sollte dabei untersucht werden, inwieweit sich die bisherigen Ansätze zur Vereinfachung der Berechnung erweitern lassen und ggf. durch weitreichendere Abstraktionsmöglichkeiten effizientere Berechnungszeiten erzielt werden können. Ein erster möglicher Ansatz dafür könnte bspw. eine krümmungsangepasste - und damit nicht mehr gleichmäßige - Sektionierung des Randbereichs sein.

Industrialisierung der Systemtechnik

Zur Nutzung der im Rahmen der vorliegenden Arbeit entwickelten Erkenntnisse in einem industriellen Produktionsumfeld bedarf es einer umfassenden Industrialisierung der eingesetzten Komponenten. In Kapitel 7 wurden bereits Ansätze für eine Roboterintegration der Lasersystemtechnik aufgezeigt. Zur praktischen Umsetzung dieses Konzepts bedarf es der Entwicklung einer Softwarebibliothek, welche die Verarbeitung der Messdaten, die Übergabe dieser Daten an das Simulationsmodell und die Ableitung der Prozessstrategie einschließlich der Übersetzung dieser Strategie in Laser-, Scanner- und Robotersteuerungsprogramme erlaubt.

Ein weiteres wichtiges Entwicklungsfeld im Rahmen einer roboterbasierten Produktionsumgebung wäre die systematische Untersuchung des Zusammenhangs der Positioniergenauigkeit des Roboters und des resultierenden Prozessergebnisses, sodass angepasste und robuste Prozess- und Partitionierungsstrategien abgeleitet werden können.

Übertragung der entwickelten Methoden auf weitere Laserprozesse und Anwendungen

Neben dem betrachteten Kontext der Reparatur von CFK Strukturbauteilen bieten die entwickelten Methoden für die thermische Beschreibung und Steuerung von Laserprozessen vielfältige weitere Anwendungen im Bereich der Lasertechnik, welche auf Basis der vorliegenden Arbeit in zukünftigen Untersuchungen erschlossen werden sollten. Dabei stellen insbesondere die additiven Produktionsverfahren ein vielversprechendes Anwendungsfeld dar. So ließen sich bspw. die mittels Thermographiemessungen entwickelten Prozessmodelle in ähnlicher Weise für Auftragschweißprozesse formulieren. Vor allem ließen sich die entwickelten Ansätze der virtuellen Prozessentwicklung nutzen, um während des Laserstrahlschmelzens thermisch kontrollierte Prozess- und Abkühlbedingungen sicherzustellen und auf diese Weise gleichbleibende Materialeigenschaften und eine verbesserte Verteilung von Eigenspannungen zu gewährleisten.

Literaturverzeichnis

[1] SAUER, Michael ; KÜHNEL, Michael ; AVK – INDUSTRIEVEREINIGUNG VERSTÄRKTE KUNSTSTOFFE E.V. (Hrsg.) ; CCEV (Hrsg.): *Composites Market Report 2018: Market developments, trends, outlooks and challenges*. https://www.avk-tv.de/files/20181115_avk_ccev_market_report_2018_final.pdf

[2] SPAETH, A. ; DEUTSCHE LUFTHANSA AG (Hrsg.): *Das schwarze Gold von der Niederelbe*. https://magazin.lufthansa.com/de/de/nonstop-you-mehr-als-nur-ein-guter-flug/das-schwarze-gold-a350/

[3] BOEING: *787 Aircraft Rescue & Firefighting Composite Structure*. http://www.boeing.com/assets/pdf/commercial/airports/faqs/787_composite_arff_data.pdf

[4] BOEING (Hrsg.): *Current Market Outlook 2017-2036*. http://www.boeing.com/resources/boeingdotcom/commercial/market/current-market-outlook-2017/assets/downloads/2017-cmo-6-19.pdf. Version: 2017

[5] COOPER, Tom ; REAGAN, Ian ; PORTER, Chad ; PRECOURT, Chris ; OLIVER WYMAN (Hrsg.): *GLOBAL FLEET & MRO MARKET FORECAST COMMENTARY: 2019-2029*. https://www.oliverwyman.com/content/dam/oliver-wyman/v2/publications/2019/January/global-fleet-mro-market-forecast-commentary-2019-2029.pdf. Version: 2019

[6] BREUER, Ulf P.: *Commercial Aircraft Composite Technology*. Springer International Publishing, 2016. – ISBN 978–3–319–31917–9

[7] SCHÜRMANN, Helmut: *Konstruieren mit Faser-Kunststoff-Verbunden*. Berlin, Heidelberg : Springer, 2005. – ISBN 978–3–540–40283–1

[8] SCHMID FUERTES, Theodor A. ; KRUSE, Thomas ; KÖRWIEN, Thomas ; GEISTBECK, Matthias: Bonding of CFRP primary aerospace structures – discussion of the certification boundary conditions and related technology fields addressing the needs for development. In: *Composite Interfaces* 22 (2015), Nr. 8, S. 795–808. – ISSN 0927–6440

[9] AVK – INDUSTRIEVEREINIGUNG VERSTÄRKTE KUNSTSTOFFE E.V.: *Handbuch Faserverbundkunststoffe/Composites*. Wiesbaden : Springer Fachmedien, 2013. – ISBN 978–3–658–02754–4

[10] NEITZEL, Manfred ; MITSCHANG, Peter ; BREUER, Ulf: *Handbuch Verbundwerkstoffe*. München : Carl Hanser Verlag GmbH & Co. KG, 2014. – ISBN 978–3–446–43696–1

© Der/die Herausgeber bzw. der/die Autor(en), exklusiv lizenziert durch Springer-Verlag GmbH, DE, ein Teil von Springer Nature 2020
P. Thumann, *Laserbasierte Klebflächenvorbereitung für CFK Strukturbauteile*, Light Engineering für die Praxis,
https://doi.org/10.1007/978-3-662-62241-4

[11] EHRENSTEIN, Gottfried W.: *Faserverbund-Kunststoffe*. München : Carl Hanser Verlag GmbH & Co. KG, 2006. – ISBN 978–3–446–22716–3

[12] SAPUAN, S. M.: *Composite materials: Concurrent engineering approach*. Kidlington, Oxford, United Kingdom : Butterworth-Heinemann is an imprint of Elsevier, 2017. – ISBN 978–0–12–802507–9

[13] DOMININGHAUS, Hans ; ELSNER, Peter ; EYERER, Peter ; HIRTH, Thomas: *Kunststoffe*. Berlin, Heidelberg : Springer, 2008. – ISBN 978–3–540–72400–1

[14] *Engineered Interfaces in Fiber Reinforced Composites*. Elsevier, 1998. – ISBN 9780080426952

[15] BASCOM, W. D. ; DRZAL, L. T. ; NASA (Hrsg.): *The Suface Properties of Carbon Fibers and Their Adhesion to Organic Polymers*

[16] HABENICHT, Gerd: *Kleben: Grundlagen, Technologien, Anwendungen*. 6., aktualisierte Aufl. Berlin, Heidelberg : Springer, 2009 (VDI-Buch). – ISBN 9783540852643

[17] RASCHE, Manfred: *Handbuch Klebtechnik*. München : Hanser, 2012. – ISBN 978–3–446–42402–9

[18] DEUTSCHES INSTITUT FÜR NORMUNG E. V.: *Fertigungsverfahren Fügen: Teil 8: Kleben*. September 2003

[19] BROCKMANN, Walter ; GEISS, Paul L. ; KLINGEN, Jürgen ; SCHRÖDER, Bernhard: *Klebtechnik: Klebstoffe, Anwendungen und Verfahren*. Weinheim : Wiley-VCH, 2005. – ISBN 3527310916

[20] DOOBE, Marlene: *Kunststoffe erfolgreich kleben*. Wiesbaden : Springer Fachmedien, 2018. – ISBN 978–3–658–18444–5

[21] MENSEN, Heinrich: *Handbuch der Luftfahrt*. Berlin, Heidelberg : Springer, 2013. – ISBN 978–3–642–34401–5

[22] EASA: *Certification   Specifications   for   Normal,   Utility,   Aerobatic,   and   Commuter   Category   Aeroplanes*. https://www.easa.europa.eu/sites/default/files/dfu/agency-measures-docs-certification-specifications-CS-23-CS-23-Amdt-3.pdf

[23] EASA: *AMC20-29: Composite Aircraft Structure*. https://www.easa.europa.eu/sites/default/files/dfu/Annex%20II%20-%20AMC%2020-29.pdf

[24] CENTEA, T. ; GRUNENFELDER, L. K. ; NUTT, S. R.: A review of out-of-autoclave prepregs – Material properties, process phenomena, and manufacturing considerations. In: *Composites Part A: Applied Science and Manufacturing* 70 (2015), S. 132–154. – ISSN 1359835X

[25] WANG, Chun H. ; GUNNION, Andrew J.: On the design methodology of scarf repairs to composite laminates. In: *Composites Science and Technology* 68 (2008), Nr. 1, S. 35–46. – ISSN 02663538

[26] WHITTINGHAM, B. ; BAKER, A. A. ; HARMAN, A. ; BITTON, D.: Micrographic studies on adhesively bonded scarf repairs to thick composite aircraft structure. In: *Composites Part A: Applied Science and Manufacturing* 40 (2009), Nr. 9, S. 1419–1432. – ISSN 1359835X

[27] KATNAM, K. B. ; DA SILVA, L.F.M. ; YOUNG, T. M.: Bonded repair of composite aircraft structures: A review of scientific challenges and opportunities. In: *Progress in Aerospace Sciences* 61 (2013), S. 26–42. – ISSN 03760421

[28] JÖLLY, Ines ; SCHLÖGL, Sandra ; WOLFAHRT, Markus ; PINTER, Gerald ; FLEISCHMANN, Martin ; KERN, Wolfgang: Chemical functionalization of composite surfaces for improved structural bonded repairs. In: *Composites Part B: Engineering* 69 (2015), S. 296–303. – ISSN 13598368

[29] RAHMANI, Hossein ; ASHORI, Alireza ; VARNASERI, Najmeh: Surface modification of carbon fiber for improving the interfacial adhesion between carbon fiber and polymer matrix. In: *Polymers for Advanced Technologies* 27 (2016), Nr. 6, S. 805–811. – ISSN 10427147

[30] KANERVA, M. ; SAARELA, O.: The peel ply surface treatment for adhesive bonding of composites: A review. In: *International Journal of Adhesion and Adhesives* 43 (2013), S. 60–69. – ISSN 01437496

[31] HOLTMANNSPÖTTER, J. ; CZARNECKI, J. V. ; WETZEL, M. ; DOLDERER, D. ; EISENSCHINK, C.: The Use of Peel Ply as a Method to Create Reproduceable But Contaminated Surfaces for Structural Adhesive Bonding of Carbon Fiber Reinforced Plastics. In: *The Journal of Adhesion* 89 (2013), Nr. 2, S. 96–110. – ISSN 0021-8464

[32] ZALDIVAR, R. J. ; NOKES, J. ; STECKEL, G. L. ; KIM, H. I. ; MORGAN, B. A.: The Effect of Atmospheric Plasma Treatment on the Chemistry, Morphology and Resultant Bonding Behavior of a Pan-Based Carbon Fiber-Reinforced Epoxy Composite. In: *Journal of Composite Materials* 44 (2010), Nr. 2, S. 137–156. – ISSN 0021-9983

[33] ELLERT, Florian ; BRADSHAW, Ines ; STEINHILPER, Rolf: Major Factors Influencing Tensile Strength of Repaired CFRP-samples. In: *Procedia CIRP* 33 (2015), S. 275–280. – ISSN 22128271

[34] ZALDIVAR, R. J. ; KIM, H. I. ; STECKEL, G. L. ; NOKES, J. P. ; MORGAN, B. A.: Effect of Processing Parameter Changes on the Adhesion of Plasma-treated Carbon Fiber Reinforced Epoxy Composites. In: *Journal of Composite Materials* 44 (2010), Nr. 12, S. 1435–1453. – ISSN 0021-9983

[35] RÖPER, Florian ; WOLFAHRT, Markus ; KUCHER, Georg ; BUBESTINGER, Andreas ; PINTER, Gerald: Influence of the surface pretreatment on the durability of adhesively bonded composite repairs. In: *21st International Conference on Composite Materials, Xi'an, China.* 2017

[36] PALLAV, K. ; HAN, P. ; RAMKUMAR, J. ; NAGAHANUMAIAH ; EHMANN, K. F.: Comparative Assessment of the Laser Induced Plasma Micromachining and the Micro-EDM Processes. In: *Journal of Manufacturing Science and Engineering* 136 (2014), Nr. 1

[37] CAO, Yunfeng ; SHIN, Yung C. ; PIPES, R. B.: Etching of long fiber polymeric composite materials by nanosecond laser induced water breakdown plasma. In: *Applied Surface Science* 268 (2013), S. 6–10. – ISSN 01694332

[38] FISCHER, F. ; ROMOLI, L. ; KLING, R. ; KRACHT, D.: Laser-based repair for carbon fiber reinforced composites. In: HOCHENG, H. (Hrsg.): *Machining technology for composite materials.* Elsevier, 2012 (Woodhead Publishing in materials). – ISBN 9780857090300, S. 309–330

[39] VÖLKERMEYER, Frank ; FISCHER, Fabian ; STUTE, Uwe ; KRACHT, Dietmar: LiM 2011 Laser-based approach for bonded repair of carbon fiber reinforced plastics. In: *Physics Procedia* 12 (2011), S. 537–542. – ISSN 18753892

[40] LOUTAS, Theodoros H. ; SOTIRIADIS, George ; BONAS, Dimitris ; KOSTO-POULOS, Vassilis: A statistical optimization of a green laser-assisted ablation process towards automatic bonded repairs of CFRP composites. In: *Polymer Composites* 41 (2018), S. 143. – ISSN 02728397

[41] PSARRAS, S. ; SOTIRIADIS, G. ; LOUTAS, T. ; KOSTOPOULOS, V.: Optimizing Composite Repair Technics. In: *ECCM18 - 18th European Conference on Composite Materials*

[42] PALMIERI, Frank L. ; BELCHER, Marcus A. ; WOHL, Christopher J. ; BLOHOWIAK, Kay Y. ; CONNELL, John W.: Laser ablation surface preparation for adhesive bonding of carbon fiber reinforced epoxy composites. In: *International Journal of Adhesion and Adhesives* 68 (2016), S. 95–101. – ISSN 01437496

[43] ÇOBAN, Onur ; AKMAN, Erhan ; BORA,ÖZGÜR, MUSTAFA ; GENC OZTO-PRAK, Belgin ; DEMIR, Arif: Laser Surface Treatment of CFRP Composites for a Better Adhesive Bonding Owing to the Mechanical Interlocking Mechanism. In: *Polymer Composites* 68 (2019), Nr. 66, S. 229. – ISSN 02728397

[44] BLASS, David ; NYGA, Sebastian ; JUNGBLUTH, Bernd ; HOFFMANN, Hans-Dieter ; DILGER, Klaus: Composite Bonding Pre-Treatment with Laser Radiation of 3 micrometer Wavelength: Comparison with Conventional Laser Sources. In: *Materials (Basel, Switzerland)* 11 (2018), Nr. 7. – ISSN 1996–1944

[45] EICHLER, Hans J. ; EICHLER, Jürgen: *Laser: Bauformen, Strahlführung, Anwendungen*. 8., aktualisierte und überarbeitete Auflage. Berlin, Heidelberg : Springer Vieweg, 2015. – ISBN 9783642414374

[46] FISCHER, Fabian ; KRELING, Stefan ; GÄBLER, Frank ; DELMDAHL, Ralph: Using excimer lasers to clean CFRP prior to adhesive bonding. In: *Reinforced Plastics* 57 (2013), Nr. 5, S. 43–46. – ISSN 00343617

[47] KRELING, S. ; FISCHER, F. ; DELMDAHL, R. ; GÄBLER, F. ; DILGER, K.: Analytical Characterization of CFRP Laser Treated by Excimer Laser Radiation. In: *Physics Procedia* 41 (2013), S. 282–290. – ISSN 18753892

[48] RAUH, B. ; KRELING, S. ; KOLB, M. ; GEISTBECK, M. ; BOUJENFA, S. ; SUESS, M. ; DILGER, K.: UV-laser cleaning and surface characterization of an aerospace carbon fibre reinforced polymer. In: *International Journal of Adhesion and Adhesives* 82 (2018), S. 50–59. – ISSN 01437496

[49] BÉNARD, Q. ; FOIS, M. ; GRISEL, M. ; LAURENS, P.: Laser Surface Treatment of Composite Materials to Enhance Adhesion Properties. In: POSSART, Wulff. (Hrsg.): *Adhesion*. Weinheim, FRG : Wiley-VCH Verlag GmbH & Co. KGaA, 2005. – ISBN 9783527607303, S. 305–318

[50] FISCHER, F. ; KRELING, S. ; DILGER, K.: Surface Structuring of CFRP by using Modern Excimer Laser Sources. In: *Physics Procedia* 39 (2012), S. 154–160. – ISSN 18753892

[51] GALANTUCCI, L. M. ; GRAVINA, A. ; CHITA, G. ; CINQUEPALMI, M.: Surface treatment for adhesive-bonded joints by excimer laser. In: *Composites Part A: Applied Science and Manufacturing* 27 (1996), Nr. 11, S. 1041–1049. – ISSN 1359835X

[52] HERZOG, Dirk ; JAESCHKE, Peter ; MEIER, Oliver ; HAFERKAMP, Heinz: Investigations on the thermal effect caused by laser cutting with respect to static strength of CFRP. In: *International Journal of Machine Tools and Manufacture* 48 (2008), Nr. 12-13, S. 1464–1473. – ISSN 08906955

[53] GENNA, Silvio ; LEONE, Claudio ; UCCIARDELLO, Nadia ; GIULIANI, Michelangelo: Increasing adhesive bonding of carbon fiber reinforced thermoplastic matrix by laser surface treatment. In: *Polymer Engineering & Science* 57 (2017), Nr. 7, S. 685–692. – ISSN 00323888

[54] VÖLKERMEYER, Frank ; JAESCHKE, Peter ; STUTE, Uwe ; KRACHT, Dietmar: Laser-based modification of wettablility for carbon fiber reinforced plastics. In: *Applied Physics A* 112 (2013), Nr. 1, S. 179–183. – ISSN 0947–8396

[55] SCHMUTZLER, Henrik ; POPP, Jan ; BÜCHTER, Edwin ; WITTICH, Hans ; SCHULTE, Karl ; FIEDLER, Bodo: Improvement of bonding strength of scarf-bonded carbon fibre/epoxy laminates by Nd:YAG laser surface activation. In: *Composites Part A: Applied Science and Manufacturing* 67 (2014), S. 123–130. – ISSN 1359835X

[56] LI, Shaolong ; SUN, Ting ; LIU, Chang ; YANG, Wenfeng ; TANG, Qingru: A study of laser surface treatment in bonded repair of composite aircraft structures. In: *Royal Society open science* 5 (2018), Nr. 3, S. 171272. – ISSN 2054–5703

[57] REITZ, Valentina ; MEINHARD, Dieter ; RUCK, Simon ; RIEGEL, Harald ; KNOBLAUCH, Volker: A comparison of IR- and UV-laser pretreatment to increase the bonding strength of adhesively joined aluminum/CFRP components. In: *Composites Part A: Applied Science and Manufacturing* 96 (2017), S. 18–27. – ISSN 1359835X

[58] NATTAPAT, M. ; MARIMUTHU, S. ; KAMARA, A. M. ; ESFAHANI, M. R. N.: Laser Surface Modification of Carbon Fiber Reinforced Composites. In: *Materials and Manufacturing Processes* 30 (2015), Nr. 12, S. 1450–1456. – ISSN 1042–6914

[59] OBERLANDER, Max ; CANISIUS, Marten ; HERGOSS, Philipp ; BARTSCH, Katharina ; HERZOG, Dirk ; EMMELMANN, Claus: Optimization of laser-remote-cutting of CFRP by means of variable exposure delay times – simulation and validation. In: *Journal of Laser Applications* 30 (2018), Nr. 3, S. 032204. – ISSN 1042–346X

[60] WEBER, Rudolf ; FREITAG, Christian ; KONONENKO, Taras V. ; HAFNER, Margit ; ONUSEIT, Volkher ; BERGER, Peter ; GRAF, Thomas: Short-pulse Laser Processing of CFRP. In: *Physics Procedia* 39 (2012), S. 137–146. – ISSN 18753892

[61] BUDZIER, Helmut ; GERLACH, Gerald: *Thermal Infrared Sensors.* Chichester, UK : John Wiley & Sons, Ltd, 2011. – ISBN 9780470976913

[62] FAHRMEIR, Ludwig ; KNEIB, Thomas ; LANG, Stefan: *Regression.* Berlin, Heidelberg : Springer, 2007. – ISBN 978–3–540–33932–8

[63] HERWIG, Heinz ; MOSCHALLSKI, Andreas: *Wärmeübertragung.* Wiesbaden : Springer Fachmedien, 2014. – ISBN 978–3–658–06207–1

[64] WEBER, Rudolf ; HAFNER, Margit ; MICHALOWSKI, Andreas ; GRAF, Thomas: Minimum Damage in CFRP Laser Processing. In: *Physics Procedia* 12 (2011), S. 302–307. – ISSN 18753892

[65] BACKHAUS, Klaus ; ERICHSON, Bernd ; PLINKE, Wulff ; WEIBER, Rolf: *Multivariate Analysemethoden.* Berlin, Heidelberg : Springer, 2018. – ISBN 978–3–662–56654–1

[66] OLIVE, David J.: *Linear Regression.* Cham : Springer International Publishing, 2017. – ISBN 978–3–319–55250–7

[67] SIEBERTZ, Karl ; VAN BEBBER, David ; HOCHKIRCHEN, Thomas: *Statistische Versuchsplanung.* Berlin, Heidelberg : Springer, 2017. – ISBN 978–3–662–55742–6

[68] WIORA, Georg ; WEBER, Mark ; CHANBAI, Sirichanok: Confocal Microscopy. In: WANG, Q. J. (Hrsg.) ; CHUNG, Yip-Wah (Hrsg.): *Encyclopedia of Tribology*. Boston, MA : Springer US, 2013. – ISBN 978–0–387–92896–8, S. 426–434

[69] BAUCH, Jürgen ; ROSENKRANZ, Rüdiger: *Physikalische Werkstoffdiagnostik*. Berlin, Heidelberg : Springer, 2017. – ISBN 978–3–662–53951–4

[70] HOLTMANNSPÖTTER, J. ; CZARNECKI, J. V. ; FEUCHT, F. ; WETZEL, M. ; GUDLADT, H.-J. ; HOFMANN, T. ; MEYER, J. C. ; NIEDERNHUBER, M.: On the Fabrication and Automation of Reliable Bonded Composite Repairs. In: *The Journal of Adhesion* 91 (2015), Nr. 1-2, S. 39–70. – ISSN 0021–8464

[71] DIN DEUTSCHES INSTITUT FÜR NORMUNG E. V.: *Luft- und Raumfahrt - Faserverstärkte Kunststoffe - Prüfverfahren; Bestimmung der Zugfestigkeit von ebenen und gestuften Schäftverbindungen*. 01.04.1996

[72] HARDER, Sergej ; SCHMUTZLER, Henrik ; HERGOSS, Philipp ; FREESE, Jens ; HOLTMANNSPÖTTER, Jens ; FIEDLER, Bodo: Effect of infrared laser surface treatment on the morphology and adhesive properties of scarfed CFRP surfaces. In: *Composites Part A: Applied Science and Manufacturing* 121 (2019), S. 299–307. – ISSN 1359835X

[73] PARKER, W. J. ; JENKINS, R. J. ; BUTLER, C. P. ; ABBOTT, G. L.: Flash Method of Determining Thermal Diffusivity, Heat Capacity, and Thermal Conductivity. In: *Journal of Applied Physics* 32 (1961), Nr. 9, S. 1679–1684. – ISSN 0021–8979

[74] LINSEIS MESSGERAETE GMBH: *LFA 1000*. https://www.linseis.com/produkte/waermeleitfaehigkeit-temperaturleitfaehigkeit/lfa-1000/#beschreibung

[75] CANISIUS, Marten: *Prozessgüte für das Laserstrahltrennen kohlenstofffaserverstärkter Kunststoffe*. 1. Auflage 2018. Berlin, Heidelberg : Springer, 2018 (Light Engineering für die Praxis). – ISBN 978–3–662–56208–6

[76] KARWA, Rajendra: *Heat and Mass Transfer*. Singapore : Springer, 2017. – ISBN 978–981–10–1556–4

[77] BAEHR, Hans D. ; STEPHAN, Karl: *Wärme- und Stoffübertragung*. Berlin, Heidelberg : Springer, 2016. – ISBN 978–3–662–49676–3

[78] SCHWARZ, Hans R. ; KÖCKLER, Norbert: *Numerische Mathematik*. Wiesbaden : Teubner, 2006. – ISBN 978–3–8351–0114–2

[79] HORSCH, Jürgen: *Kostenrechnung*. Wiesbaden : Springer Fachmedien, 2015. – ISBN 978–3–658–07311–4

[80] BUNDESMINISTERIUM DER FINANZEN: *AfA-Tabelle für den Wirtschaftszweig "Maschinenbau"*. https://www.bundesfinanzministerium.de/Content/DE/Standardartikel/Themen/Steuern/Weitere_Steuerthemen/Betriebspruefung/AfA-Tabellen/AfA-Tabelle_Maschinenbau.pdf

[81] BDEW ; BUNDESVERBAND DER ENERGIE-ABNEHMER ; BDEW (Hrsg.): *Industriestrompreise (inklusive Stromsteuer) in Deutschland in den Jahren 1998 bis 2019 (in Euro-Cent pro Kilowattstunde).* https://de.statista.com/statistik/daten/studie/252029/umfrage/industriestrompreise-inkl-stromsteuer-in-deutschland/

[82] CALOMFIRESCU, M. ; NEUMAIER, R. ; MAIER, A. ; KÖRWIEN, T. ; THANHOFER, H. ; MEER, T. ; HANKE, M. ; FROESE, S.: Development of a Bonded Eurofighter Airbrake Flight Demonstrator. In: *8th European Conference for Aeronautics and Space Sciences (EUCASS)*

[83] LUFTHANSA TECHNIK AG: *Upside down: Robot for inspection and repairs.* https://www.lufthansa-technik.com/de/caire-repair-robot

Printed in the United States
By Bookmasters